inicia DUAL

BIOLOGÍA Y GEOLOGÍA

1 ESO

Volumen: La Tierra en el universo

Ignacio Romero Arance
Mario Romero Rosales

Oxford
EDUCACIÓN

Índice: La Tierra en el universo

Oxford investigación

Tarea en formato digital para que aprendas de un modo activo, como un auténtico científico, a través del uso de las nuevas tecnologías. Contiene actividades, simulaciones, vídeos… que te ayudarán a comprender mejor los contenidos.

Gira en torno al desarrollo de la **tarea de investigación** que se propone en cada unidad.

PRESENTACIÓN

Para que tengas una visión de conjunto de la unidad, te presentamos cada apartado con una imagen representativa y un texto curioso que relaciona el contenido con algún aspecto de la vida cotidiana o aplicación real. Es conveniente que respondas a las cuestiones que se plantean.

Además, te proponemos una **tarea de investigación** cuyo objetivo es que se realice según avanzas a lo largo de la unidad. Esta misma tarea se presenta también en formato digital en **Oxford investigación.**

El **QR** sobre la imagen dirige a un vídeo corto de introducción.

DESARROLLO

En estas páginas se explican los contenidos esenciales y se proponen actividades graduadas en tres niveles de dificultad (baja, media, alta). Al principio de cada apartado se incluye un breve texto al margen que te indica las ideas básicas que necesitas recordar. Finalmente, también en el lateral, hay un pequeño resumen de los contenidos tratados *(Ideas claras).*

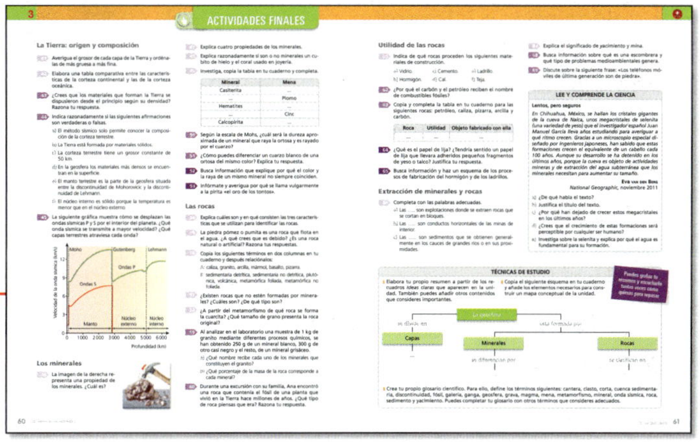

ACTIVIDADES FINALES

Doble página de actividades agrupadas por contenidos y graduadas en tres niveles de dificultad. Se destacan dos secciones, *Lee y comprende la ciencia* y *Técnicas de estudio:* realización de un resumen, mapa conceptual y glosario científico.

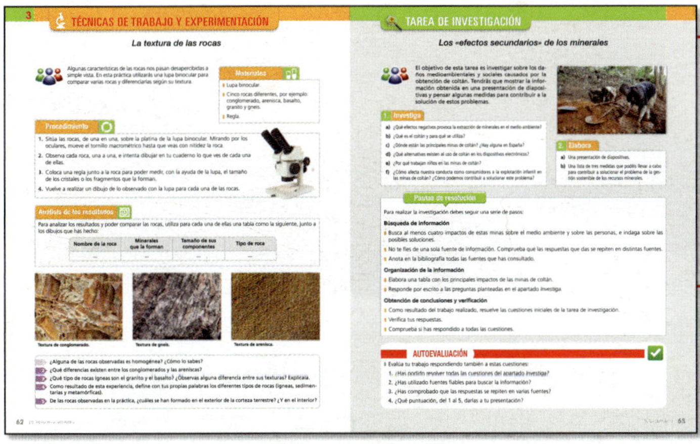

TÉCNICAS DE TRABAJO Y EXPERIMENTACIÓN

En esta sección descubrirás interesantes métodos y procedimientos para manejar instrumentos y estudiar, así, tu entorno y los fenómenos que tienen lugar en él. Con estas técnicas podrás poner en práctica lo aprendido en la unidad.

TAREA DE INVESTIGACIÓN

Te guiamos la investigación que tienes que desarrollar y te explicamos cómo debes presentar tus resultados.

Esta misma tarea de cierre de la unidad se trabaja también en formato digital en **Oxford investigación.**

Tienes un **libro DUAL:** un libro impreso y su versión electrónica, que incluye recursos para que los trabajes junto con la unidad. Para acceder, utiliza las claves que encontrarás en el libro y sigue las instrucciones. Podrás trabajar con y sin conexión a internet.

Icono digital: Este icono te recuerda que en la versión electrónica de tu libro DUAL encontrarás: Oxford investigación, fichas de comprensión lectora, animaciones, vídeos, páginas web de interés y todas las actividades del libro interactivas.

1 EL MÉTODO CIENTÍFICO

EN ESTA UNIDAD VAS A APRENDER A...

- Conocer en qué consiste el método científico y qué pasos sigue.
- Buscar, seleccionar e interpretar información de carácter científico para llevar a cabo una investigación.
- Distinguir el trabajo de campo del trabajo en el laboratorio.
- Trabajar con seguridad en el laboratorio.
- Interpretar y presentar los resultados obtenidos en una investigación.
- Realizar una tarea de investigación.

CONTENIDOS DE LA UNIDAD

1. La ciencia

Muchos anuncios utilizan la expresión «científicamente probado» para hacernos creer que lo que dicen es cierto.

- *¿Qué significado tiene para ti esa expresión?*

2. El método científico

Los científicos siguen una serie de pasos para interpretar lo que observan en la naturaleza y extraer conclusiones.

- *¿Qué pasos seguirías para explicar por qué el hielo flota en el agua?*

3. El trabajo científico

El profesor de Biología y Geología os lleva al laboratorio para realizar una práctica.

- *¿Sabes para qué se utilizan los instrumentos de la imagen?*

4. El proyecto de investigación

Tu profesor de Biología y Geología quiere que elabores un trabajo de investigación sobre las plantas del parque más cercano al centro, y que presentes los datos a tus compañeros.

- *¿Qué formato elegirías para presentar los datos?*

5. La memoria de un proyecto de investigación

Además de presentar tu investigación ante el resto de la clase, debes entregar una memoria del trabajo que has realizado.

- *¿En qué consiste una memoria de un proyecto de investigación? ¿Significa que debes recordar todos los datos estudiados?*

Tarea de investigación

¿Están vivas las alubias?

Las alubias, al igual que el resto de legumbres de nuestra dieta, son semillas. Solemos guardarlas en distintos recipientes cerrados en la cocina de casa.

Seguramente habrás realizado la experiencia de colocar algunas alubias en un vaso con algodón y ver cómo germinan. Dentro del recipiente de la cocina, sin embargo, no lo hacen.

Te planteamos que elabores un artículo científico para explicar por qué las alubias no germinan en los recipientes donde se envasan y sí lo hacen fuera de ellos.

- *¿Eres capaz de planificar un proyecto de investigación y llevarlo a cabo?*
- *¿Sabrás interpretar los resultados obtenidos en tus experimentos y extraer conclusiones?*

Las ciencias de la naturaleza se encargan del estudio de fenómenos que ocurren a nuestro alrededor, en el medio que nos rodea. Son la biología, la geología, la astronomía, la física y la química.

1. LA CIENCIA

La ciencia surge del espíritu curioso de las personas. Desde sus orígenes, el ser humano se ha preguntado sobre lo que le rodea, y esto le ha permitido ampliar sus conocimientos.

El origen de la ciencia es la **búsqueda de respuestas razonadas y objetivas** a los interrogantes que plantean los fenómenos naturales. Esta búsqueda sigue un método de investigación, el **método científico,** que permite deducir las leyes que rigen la naturaleza.

Así, por ejemplo, a partir del estudio científico de las catástrofes naturales provocadas por volcanes o terremotos, el ser humano ha hallado respuestas que le han permitido deducir que la energía interna de la Tierra es la causa de estos sucesos. También ha averiguado en qué lugares del planeta es más probable que ocurran.

Dado que estas respuestas son objetivas, es decir, válidas para todos los volcanes y terremotos del planeta, y no solo para los de un lugar determinado, es posible predecir en cierta medida cuándo tendrán lugar. Así, se pueden tomar medidas para reducir los daños que provocan.

Razonamiento científico.

1 Observando la imagen de la izquierda, dos compañeros de clase plantean dos razonamientos diferentes:

a) La cebra se ha bebido toda el agua.

b) La cebra no encuentra agua para beber.

¿Cuál de los dos razonamientos crees tú que resultaría más fácil de demostrar científicamente? Justifica tu respuesta.

1.1. Ciencia y pseudociencia

¿Cómo debe ser la respuesta a una pregunta sobre la naturaleza para que pueda considerarse científica?

No todas las respuestas o explicaciones pueden considerarse científicas. Algunas personas aprovechan el desconocimiento de otras para dar opiniones y respuestas que no tienen relación alguna con la ciencia. Para que una respuesta sea considerada científica debe poder ser **comprobada mediante experimentos** por otros científicos, y ha de basarse siempre en leyes o teorías científicas anteriores.

Se denomina **pseudociencia** al conjunto de disciplinas que tratan de responder a cuestiones sobre procesos o fenómenos naturales utilizando el lenguaje científico, pero sin basarse en experimentos objetivos.

En el ejemplo anterior de los volcanes y los terremotos, no sería científico afirmar que son un castigo que la propia naturaleza inflige a las personas que viven en ese lugar, ni relacionarlos con la alineación de ciertos astros.

Debido a los nuevos conocimientos científicos y a los avances tecnológicos que los acompañan, muchas de estas respuestas se modifican con el paso del tiempo. También, con el transcurso de los años han podido resolverse cuestiones que permanecían sin explicar. La ciencia avanza y es capaz de dar respuesta cada vez a más procesos y fenómenos naturales.

2 Indica cuáles de los siguientes razonamientos pueden considerarse científicos y cuáles no:

a) Cuando hay luna llena las personas nacidas en mayo tienen peor humor.

b) Todo objeto lanzado desde una ventana cae al suelo atraído por la fuerza de gravedad de la Tierra.

c) Las catástrofes suelen suceder los días 13 de cada mes.

d) Las plantas suelen florecer en primavera.

Ideas claras

- La ciencia se basa en la búsqueda de respuestas razonadas y objetivas a los fenómenos naturales y sigue el método científico.

2. EL MÉTODO CIENTÍFICO

El conocimiento científico implica la utilización de un lenguaje específico, así como de un método de investigación propio denominado **método científico.**

- La ciencia responde a las preguntas basándose en la experimentación.

¿Conoces las etapas que deben seguirse para aplicar el método científico? ¿Serías capaz de indicar cuáles son?

Etapas del método científico | **Ejemplo**

1. Planteamiento de un problema

La observación de algo que sucede en la naturaleza lleva al científico a plantearse una serie de preguntas.

En la antigüedad algunos científicos pensaban que los seres vivos podían surgir de la materia no viva, como el aire o el agua. Otros pensaban que esto no era posible.

2. Formulación de hipótesis

Una hipótesis es una suposición o explicación provisional que da respuesta a la pregunta planteada.

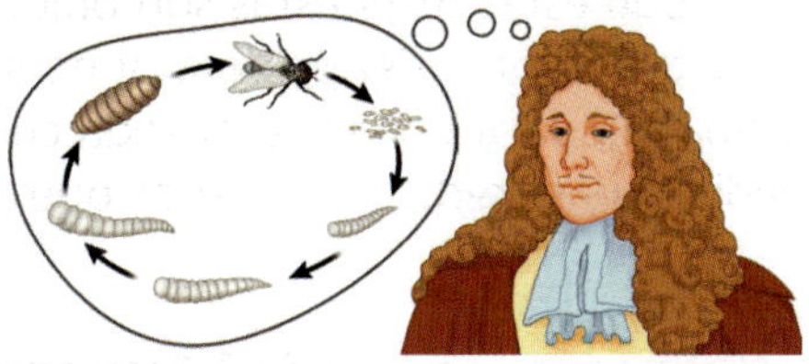

Al médico italiano Francesco Redi le convencía más la hipótesis de que los seres vivos no surgen de la materia inerte.

3. Experimentación

Un experimento es un procedimiento que se realiza bajo unas condiciones controladas para comprobar si una hipótesis es cierta. El diseño de los experimentos es la etapa más compleja y creativa del método científico.

En 1668, para demostrar su hipótesis, Redi diseñó el siguiente experimento: puso carne cruda en tres frascos: uno tapado con un corcho, otro con una gasa y el tercero abierto.

4. Análisis de los resultados y contraste de la hipótesis

Analizar los resultados es estudiar los datos obtenidos en la experimentación y contrastar la hipótesis de trabajo, es decir, comprobar si es cierta o falsa.

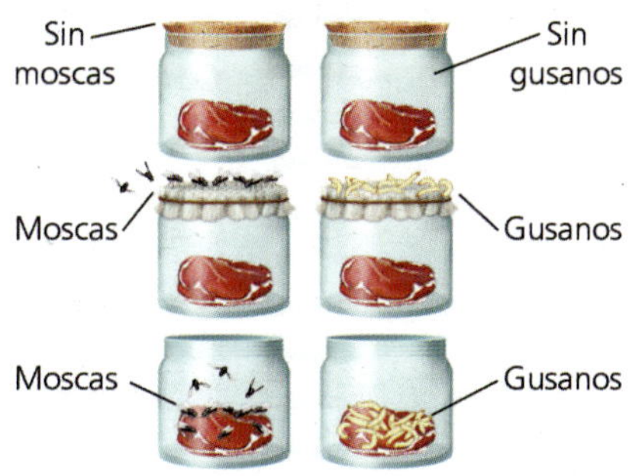

Al cabo de unas semanas comprobó que había gusanos solo en el frasco abierto, en el que podían entrar las moscas y poner sus huevos.
Así demostró que los gusanos no provenían de la carne cruda ni del aire, sino de las moscas.

Cuando una hipótesis no es corroborada[1] por los resultados de la experimentación, es necesario formular otra y diseñar nuevos experimentos para comprobar si es cierta.

A partir de las hipótesis contrastadas se elaboran las **leyes científicas,** como por ejemplo, las leyes de la herencia genética, que explican cómo heredan los seres vivos las características de sus progenitores.

Un conjunto de leyes científicas que explican varios fenómenos naturales originan una **teoría.** Las teorías científicas permiten hacer predicciones fiables sobre los fenómenos estudiados.

[1]**corroborar:** dar más fuerza a un argumento aportando nuevos datos.

3 ¿Para qué sirve la experimentación? ¿Por qué se dice que es la etapa más creativa del método científico?

4 Siguiendo los pasos del método científico, comprueba si la siguiente hipótesis es cierta: «Cuanta más agua tiene una planta, más crece».

Ideas claras

- El método científico permite establecer leyes y teorías científicas para explicar los fenómenos naturales.

▌Experimentar es realizar una observación que se lleva a cabo en condiciones controladas, para comprobar si una hipótesis es cierta o no.

3. EL TRABAJO CIENTÍFICO

El trabajo científico se basa en el diseño y la realización de experimentos, que recrean los fenómenos que queremos estudiar, para poder validar o rechazar una hipótesis. En los experimentos se controlan los factores que pueden influir en el resultado.

¿Qué factores dirías que pueden influir en el experimento del ejemplo de la página anterior?

En el ejemplo anterior, para demostrar que la generación espontánea no es posible, es decir, que la vida no puede surgir de materia no viva, Redi mantiene constantes ciertos factores: utiliza tres frascos iguales, con carne cruda del mismo tiempo y los coloca en un mismo lugar. El único factor diferente es la apertura de los frascos. De este modo, si el resultado en los tres frascos no es el mismo, será debido a que ha entrado «algo» en el frasco abierto que no ha podido entrar en los otros frascos gracias a las tapas.

Para que un trabajo científico sea considerado veraz[1] debe poder repetirse. Esto es, si otra persona realiza los mismos experimentos ha de obtener los mismos resultados. Por ello, es necesario:

[1]**veraz:** que dice la verdad.

- Preparar un **guion** en el que detallemos todo lo que se va a hacer, cómo se llevará a cabo y por qué se hará de una manera y no de otra.
- Disponer de un **cuaderno de trabajo** para explicar los experimentos y anotar los resultados.

Materiales

- Tres frascos de vidrio de igual tamaño.
- Una tapadera para uno de los frascos.
- Un trozo de gasa y una goma elástica.
- Tres trozos de carne cruda de la misma procedencia.

Metodología

1. Introducir un trozo de carne en cada frasco.
2. Cerrar el frasco 1 con la tapadera; tapar el frasco 2 con la gasa sujeta por la goma y dejar abierto el frasco 3.
3. Colocar los tres frascos en el mismo lugar.
4. Observar el contenido de los frascos cada día y anotar los cambios que se aprecian en la carne.

Resultados

Con el paso de los días, en los frascos 1 y 2 la carne se descompone pero no aparecen seres vivos. En el frasco 3 aparecen gusanos (larvas de mosquitos y moscas), la carne se descompone más rápido y desprende mal olor.

Conclusiones

- Los gusanos no surgen de la carne, pues en tal caso habría gusanos en los tres frascos. Tampoco surgen del aire; si así fuera, habría gusanos en el frasco 2.
- Lo más probable es que los gusanos procedan de los huevos que las moscas y los mosquitos ponen sobre la carne, por eso aparecen solo en el frasco 3, el único al que pueden acceder.

Cuaderno de trabajo.

3.1. El trabajo de campo

A veces, los científicos realizan sus experimentos directamente en el medio. De esta manera pueden interpretar el fenómeno desarrollado en condiciones naturales. Por ejemplo, podemos observar *in situ*[2] cómo caen las hojas de los árboles o las gotas de agua en un día lluvioso.

[2]***in situ*:** en el sitio, en el lugar.

En el trabajo de campo es importante anotar en el cuaderno todos aquellos factores que se puedan medir y observar. Después, se analizan todos juntos y se intenta extraer conclusiones. Por ejemplo, si vemos una hoja caer de un árbol, comprobaremos hacia dónde sopla el viento para saber cómo influye este factor en la trayectoria de la hoja.

Algunos de los materiales que se utilizan en el trabajo de campo junto con el cuaderno son: brújula, cámara fotográfica, prismáticos, botes o cajas para guardar muestras, martillo de geólogo, pinzas, etc.

3.2. El trabajo en el laboratorio

Un **laboratorio** es un lugar provisto de instrumentos y productos para hacer experimentos y donde las condiciones ambientales pueden controlarse.

Dado que muchos de los materiales que se encuentran en un laboratorio pueden ser peligrosos, es importante seguir ciertas **normas de seguridad** para trabajar en él:

Normas generales	Normas de manipulación de instrumentos y productos
No comas o bebas en el laboratorio.	Antes de utilizar un compuesto, lee la etiqueta para asegurarte de que es el que necesitas.
Utiliza una bata para proteger tu ropa.	Lee los símbolos de advertencia de cada producto.
Guarda tus prendas de abrigo y objetos personales, no los dejes nunca sobre la mesa de trabajo.	No utilices ningún material ni aparato sin conocer su funcionamiento y las normas de seguridad.
No lleves bufandas, pañuelos ni prendas u objetos que dificulten tu movilidad o puedan entorpecer tu trabajo.	Maneja con especial cuidado el material frágil.
Evita los desplazamientos injustificados por el laboratorio.	Informa al profesor del material roto o averiado.
Ten siempre las manos limpias y secas.	Si te salpicas, limpia la zona con agua abundante.
No ingieras ningún producto del laboratorio.	No devuelvas a los frascos los sobrantes de los productos.
En caso de accidente, comunícalo inmediatamente al profesor.	En caso de duda, pregunta siempre al profesor.

3.2.1. Material básico de laboratorio

En el laboratorio científico existen multitud de instrumentos específicos.

Instrumentos de medidas no volumétricas

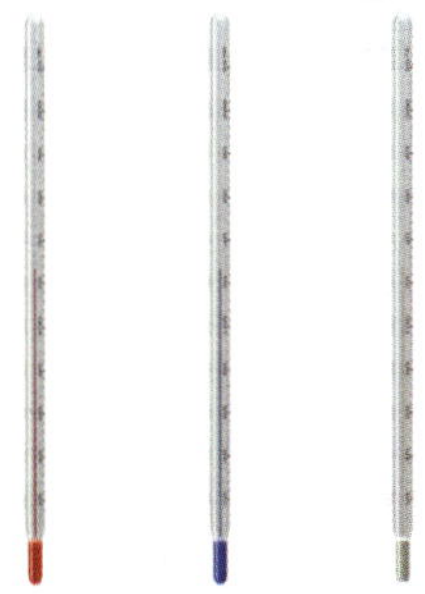

Termómetros.

Reglas.

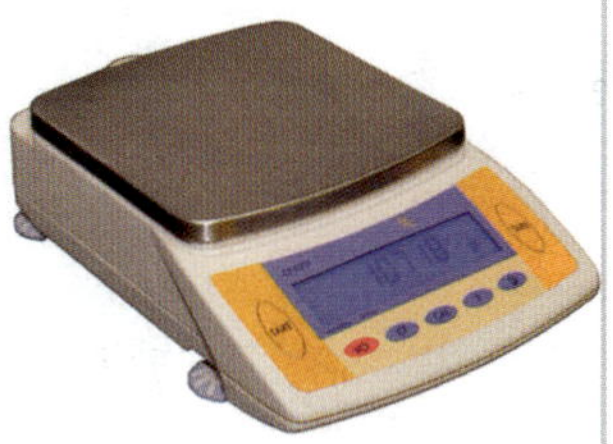

Balanza.

Instrumentos para medir volúmenes

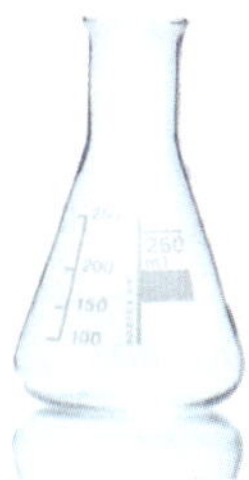

Matraz erlenmeyer.

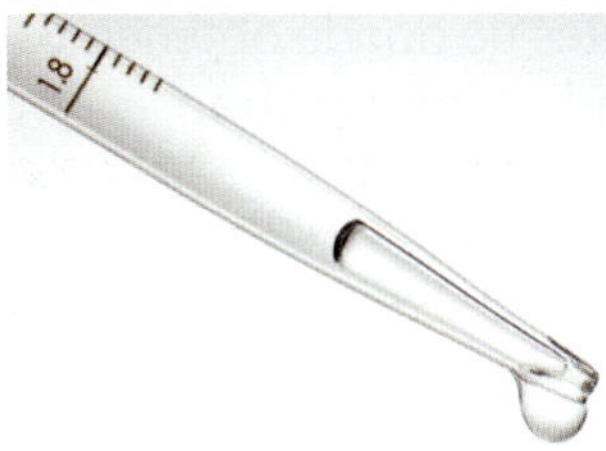

Pipeta.

Bureta.

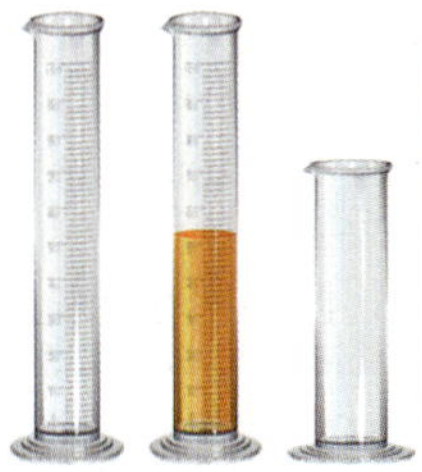

Probetas.

5 ¿Qué observaciones crees que presentarán menos errores, las realizadas en el laboratorio o las que se hacen en el campo? Justifica tu respuesta.

6 Otros materiales de laboratorio son: el tubo de ensayo, el vaso de precipitado, el vidrio de reloj, el microscopio o la lupa binocular. Investiga, realiza un dibujo de cada uno y explica para qué sirven.

Ideas claras

- Antes de realizar una investigación se debe preparar un guion. Es necesario tener claras las preguntas que queremos responder y los experimentos que vamos a llevar a cabo para hacerlo.
- En el trabajo de laboratorio es fundamental seguir unas normas de seguridad.

- El método científico parte de la observación, el planteamiento de una pregunta y la elaboración de una hipótesis.

4. EL PROYECTO DE INVESTIGACIÓN

Una vez que nos hemos introducido en el trabajo de los científicos, trataremos de pensar como uno de ellos y realizar de igual manera un proyecto de investigación. Para ello, te proponemos practicar con la tarea planteada en la página 7, que iremos resolviendo y desarrollando en este apartado.

Un **proyecto de investigación** es un trabajo en el que se utiliza el método científico con el fin de obtener información y comprobar hipótesis sobre algún fenómeno.

¿Qué etapas seguirías para resolver un proyecto de investigación?

Las etapas que seguiremos en nuestro proyecto coinciden con las del método científico: planteamiento del problema, formulación de hipótesis, experimentación, análisis de los resultados y contraste de la hipótesis. Nuestro proyecto consiste en saber si las alubias están vivas.

4.1. Búsqueda de información

Antes de elaborar una hipótesis, es fundamental informarse sobre lo que ya se sabe acerca del fenómeno que se va a estudiar. Para «hacer ciencia» debemos apoyarnos en los conocimientos previos para resolver nuevas preguntas sobre el tema. Es esencial obtener la información de fuentes fiables, como libros de texto o por ejemplo:

Revistas científicas especializadas, dirigidas a los científicos.

Revistas de divulgación científica, destinadas a un público más general.

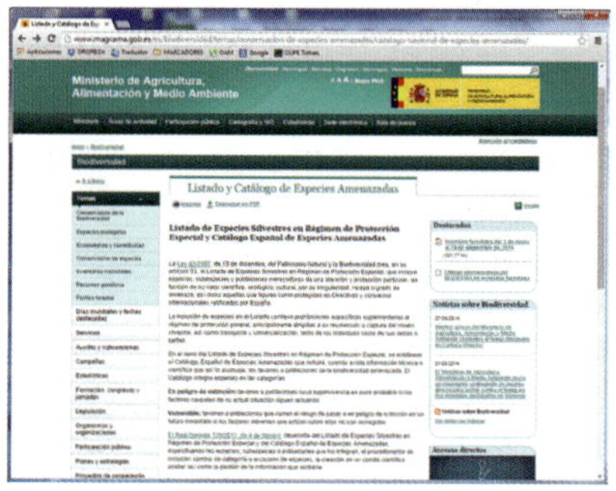

Páginas web de universidades y otras instituciones que sean fiables o que el profesor nos recomiende.

No debemos olvidar anotar las fuentes de donde obtenemos la información, para incluirlas en un apartado denominado **bibliografía.**

Para elaborar un buen proyecto, hay que seleccionar muy bien la información. Debemos hacernos preguntas y profundizar sobre ellas. En nuestro ejemplo podrían ser las siguientes: *¿Influye la humedad en la germinación de una semilla?, ¿se ve favorecida la germinación en alguna estación del año en particular?, ¿las alubias de los paquetes son semillas muertas y por eso no germinan?* Estas preguntas nos servirán para marcar los **objetivos** que queremos alcanzar con la investigación.

Entonces, ¿cuáles crees que serán los objetivos de nuestro proyecto?

Los objetivos de nuestro proyecto podrían ser los siguientes:

- Conocer los factores que afectan a la germinación de las alubias.
- Diseñar un experimento que permita la germinación de las alubias.

7 Busca en tu centro o en una biblioteca una revista de divulgación científica. Anota en tu cuaderno su título, su periodicidad y los principales temas que se tratan en ella.

8 Elige un artículo de una revista de divulgación científica. Fíjate en cómo se citan las fuentes en la bibliografía y coméntalo con tus compañeros.

9 Repite la búsqueda del ejercicio anterior utilizando un artículo de una página web que hable de ciencia.

4.2. Experimentación e interpretación de los resultados

Una vez que hayamos investigado en diversas fuentes y definido nuestros objetivos, formularemos una hipótesis y, a partir de ella, diseñaremos los experimentos que vamos a realizar. En nuestro ejemplo, podríamos plantear dos hipótesis:

- **Hipótesis 1:** las alubias están muertas y por ello no germinan.
- **Hipótesis 2:** dentro del paquete de alubias no se dan las condiciones necesarias para la germinación.

Para desarrollar nuestro proyecto elegiremos la hipótesis 2.

4.2.1. Diseño de los experimentos

A continuación debemos diseñar algunos experimentos para tratar de contrastar nuestra hipótesis. Después de realizarlos, interpretaremos los resultados y valoraremos si es cierta o no.

En nuestro caso, llevaremos a cabo un experimento que consistirá en sembrar semillas de alubias en diferentes condiciones de humedad:

Vaso 1: alubia sin algodón ni agua.

Vaso 2: alubia con algodón y poca agua.

Vaso 3: alubia con algodón y mucha agua.

Para estudiar cómo afectan a la germinación otros factores, como la luz o la temperatura, tendríamos que diseñar otros experimentos, por ejemplo, tapar los vasos o colocarlos en lugares con diferentes temperaturas (al sol, en el frigorífico...) y observar qué sucede.

En nuestro cuaderno de trabajo iremos recogiendo las observaciones de cada día. Es muy importante anotar todos los datos posibles: el día que las alubias germinan, cuánto crecen por día, cuándo salen las primeras hojas... De esta forma podremos comparar la germinación y el crecimiento en las distintas condiciones.

Interpretar los datos directamente desde el cuaderno de trabajo puede ser complicado. Los científicos se ayudan de diversas herramientas, como las tablas y las gráficas.

4.2.2. Elaboración de tablas

Una **tabla de datos** es una herramienta que permite organizar la información obtenida en filas y columnas.

En la primera columna se colocan los datos que no varían o lo hacen de forma controlada. En las demás se anotan aquellos que cambian en cada observación.

Ejemplo	Día que germina	2.° día tras la germinación	4.° día tras la germinación	6.° día tras la germinación	8.° día tras la germinación
Vaso 1	No	0 cm	0 cm	0 cm	0 cm
Vaso 2	Día 4	1 cm	3 cm	5 cm	7 cm
Vaso 3	Día 6	2 cm	4 cm	5 cm	Se pudre.

10 Tras la evaluación inicial en los cursos de 1.° de ESO, el número de alumnos con más de un 9 en 1.° A es de 4, en 1.° B es de 6 y en 1.° C es de 3. Con una calificación entre un 7 y un 9, en 1.° A hay 8 alumnos, en 1.° B hay 6 y en 1.° C hay 7. Con calificación entre un 5 y un 7, hay 12 alumnos de 1.° A, 10 de 1.° B y 11 de 1.° C. Tienen menos de un 5 de calificación 6 alumnos de 1.° A, 8 de 1.° B y 9 de 1.° C.

Elabora una tabla con los datos anteriores. ¿Qué datos pondrías en la primera columna?

11 Para conocer el porcentaje de alumnos con una determinada calificación, hay que multiplicar por 100 el número de alumnos con esa calificación y dividir el resultado entre el número total de alumnos. Por ejemplo:

Porcentaje de alumnos de 1.° A con más de un 9:

$$4 \cdot \frac{100}{30} = 13,33\,\%$$

Calcula para cada clase el porcentaje de alumnos con más de un 5.

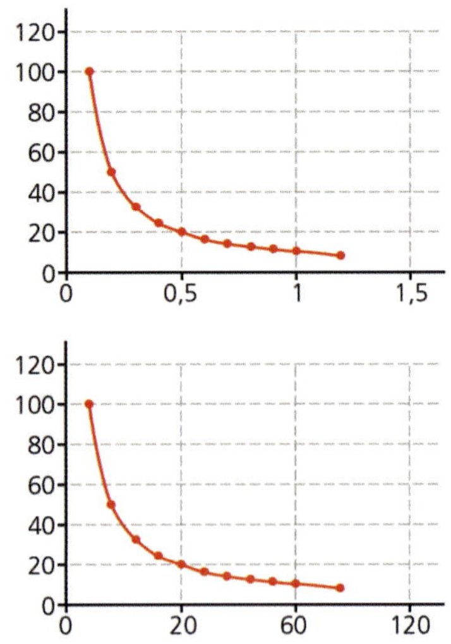

Gráficas.

12 Los puntos marcados en cada eje deben ser equidistantes, es decir, estar a la misma distancia unos de otros. ¿Qué gráfica piensas que es errónea? Razona tu respuesta.

4.2.3. Elaboración e interpretación de gráficas

El estudio de una tabla y su interpretación nos permite relacionar y comparar los factores que estamos investigando. Para que nos resulte más fácil interpretar la tabla, los valores obtenidos se pueden representar gráficamente.

Una **gráfica** es la representación de datos numéricos por medio de líneas o dibujos que nos permiten visualizar la relación entre dos o más factores.

Las gráficas se suelen representar en unos **ejes de coordenadas.** En el **eje de abscisas** (horizontal) se sitúan los datos fijados por el investigador, como el día en que medimos la altura en nuestro ejemplo; y en el **eje de ordenadas** (vertical), los datos que se van obteniendo a lo largo del experimento, como la altura que alcanza la planta.

Diferentes tipos de gráficas

Pictograma

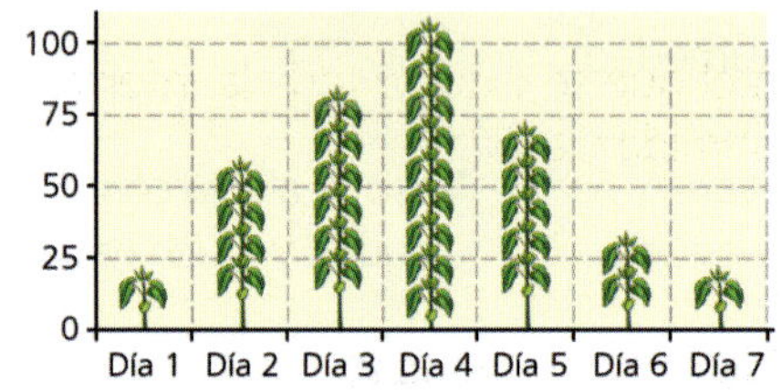

Los valores se representan con dibujos alusivos al tema de estudio. Cada dibujo tiene un tamaño diferente, según su valor.

Histograma

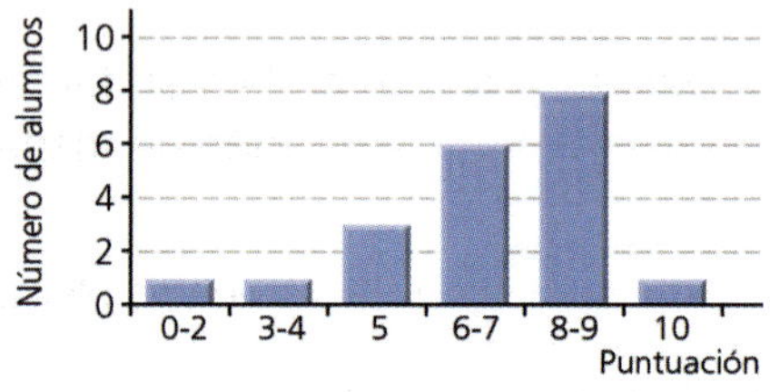

También se denomina diagrama de barras, pues se utilizan barras para mostrar el valor de los datos fijados.

Polígono de frecuencia

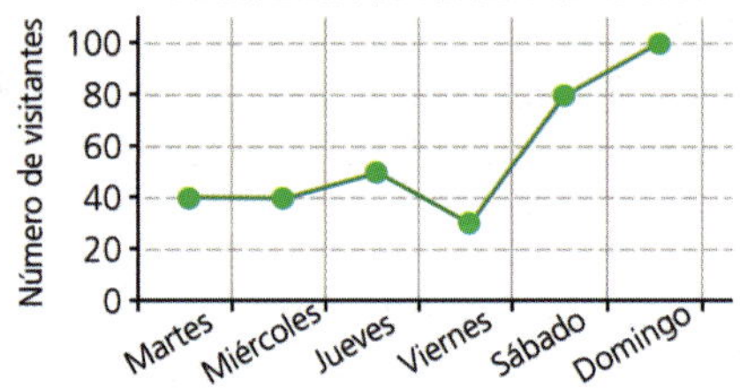

Se marca el valor de cada dato con un punto y se unen los puntos.

Diagrama de sectores

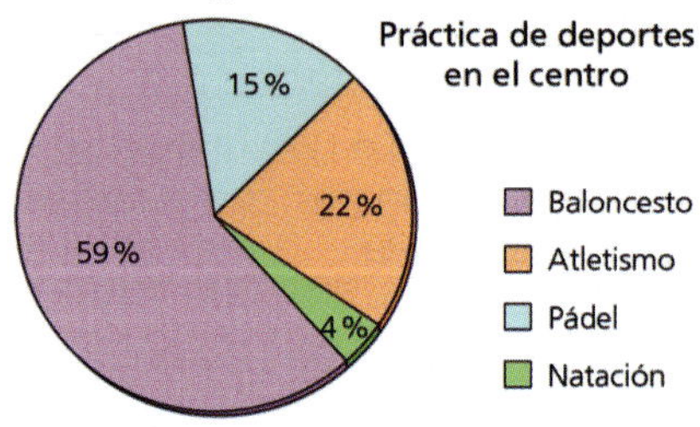

Se divide un círculo en partes proporcionales a la frecuencia de cada dato fijado.

A partir de la tabla diseñada en nuestros experimentos se puede elaborar esta gráfica.

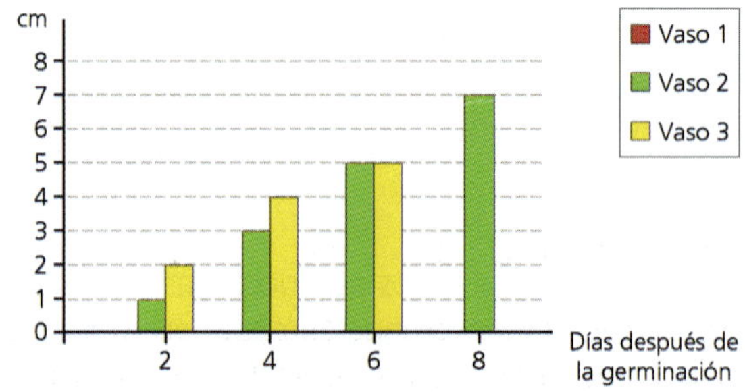

¿Cómo se interpreta una gráfica?

En la gráfica se aprecia que la semilla del **vaso 1** no llega a germinar, por lo que podemos deducir que para hacerlo necesita humedad. En el **vaso 2,** el crecimiento es constante. En cambio, la del **vaso 3** germina y crece bien al principio, pero luego muere, por tanto, podemos concluir que el exceso de agua es malo para la planta.

13 ¿Qué tipo de gráfica te parece más adecuada para representar y comparar los valores de la evaluación inicial de cada grupo de 1.º de ESO del ejercicio 10?

14 Elabora los cuatro tipos de gráficas para los resultados del ejercicio 10. Utiliza cualquiera de las cuatro para interpretar los resultados.

4.3. Presentación de los resultados

Una vez obtenidos y analizados los resultados, estos pueden presentarse de diferentes formas: en un póster, en una exposición oral con diapositivas, en un artículo científico o en unas fichas técnicas.

¿Por qué es importante presentar los resultados?

La **presentación de los resultados** es la forma de dar a conocer al resto de la comunidad científica las conclusiones de los experimentos realizados.

Los científicos suelen realizar estas presentaciones de resultados ante grandes grupos de investigadores, en ferias científicas o congresos. Pero los resultados también pueden darse a conocer en grupos más pequeños, como foros, o incluso, ante un grupo de compañeros.

4.3.1. El póster

Un **póster** es un cartel de gran tamaño en el que se expone toda la información sobre una investigación de manera resumida y atractiva.

Un póster consta de los siguientes elementos:

El **título** debe ser claro y breve, pero contener información suficiente sobre el proyecto.

Los **objetivos** deben ser claros y concretos.

La **introducción** debe ser breve y explicar el hecho fundamental que se ha estudiado y la hipótesis formulada.

Las **imágenes** tienen que servir para aclarar los contenidos.

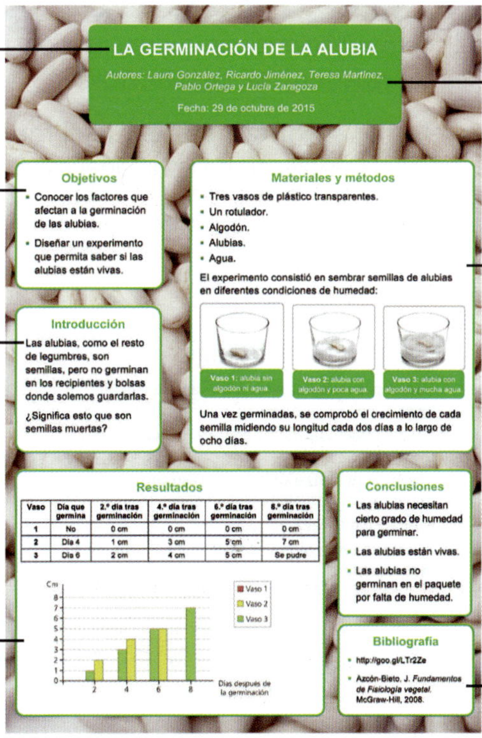

Nombres y apellidos de los **autores.**

El **desarrollo** del trabajo se debe organizar en párrafos o secciones, explicando de forma esquemática los pasos realizados. Estas secciones pueden ser:

- Materiales y métodos.
- Análisis de los resultados.
- Conclusiones.

La **bibliografía** empleada.

Estos son algunos consejos para elaborar un buen póster:

- Las **fotografías** y los **colores** deben ser vistosos y atractivos para llamar la atención del lector, pero no deben enmascarar el contenido escrito.
- El **contraste entre los colores** debe ser adecuado: por ejemplo, no conviene usar tonos parecidos para el fondo y para las letras, ni mucha variedad de colores.
- Las **ideas principales** deben poder leerse a una distancia de 2 m.
- Conviene usar **un solo tipo de letra,** variando únicamente el tamaño y el color.

15 ¿Qué objetivo tiene la presentación de un póster científico?

16 ¿Por qué no conviene utilizar tonos parecidos para el fondo del póster y para el texto?

4.3.2. La presentación de diapositivas

Una **presentación de diapositivas** es un recurso que se emplea para exponer oralmente en público un proyecto de investigación.

Existen programas informáticos diseñados para elaborar este tipo de presentaciones. Algunos permiten insertar archivos de audio y reproducir el sonido al tiempo que pasan automáticamente las diapositivas, como si se tratase de un vídeo.

¿Cómo diseñarías una presentación de diapositivas para nuestro proyecto de investigación?

Algunas recomendaciones para elaborar una presentación de diapositivas son:

- Dedicar al menos **una diapositiva a cada apartado** del proyecto: título y autores, introducción, metodología, resultados, conclusiones y bibliografía.
- La **información** debe exponerse de forma **breve y esquemática.** El peso de la presentación recae en la explicación oral, y el texto de las diapositivas es únicamente un guion para que el espectador pueda seguir dicha explicación.
- El texto ha ser legible y tener un **tamaño y tipo de letra adecuados.** Hay que evitar que el color del fondo y el de las letras sean parecidos, para facilitar la lectura.
- **No incluir muchas diapositivas** en la presentación, para no aburrir al espectador.
- Podemos personalizar la presentación, pero **sin abusar de efectos llamativos** que puedan distraer de la explicación y de la idea principal que queremos transmitir.
- Debemos **asegurarnos de que el fondo no dificulta la lectura** de la información ni la visibilidad de las imágenes.

Veamos un ejemplo aplicado a nuestro proyecto:

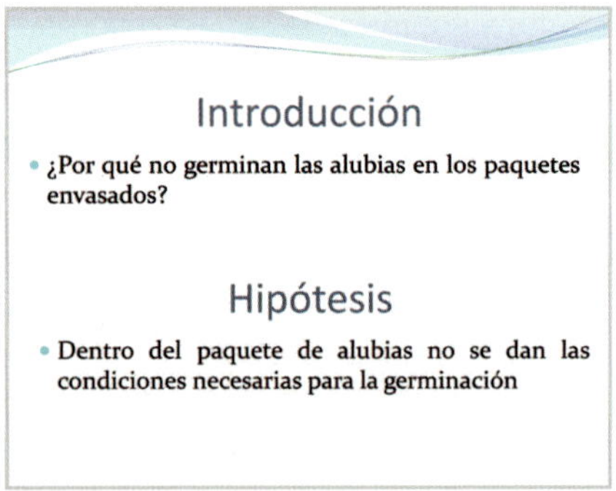

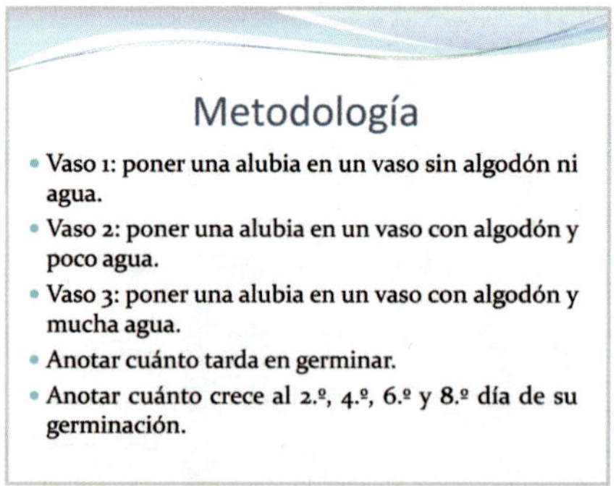

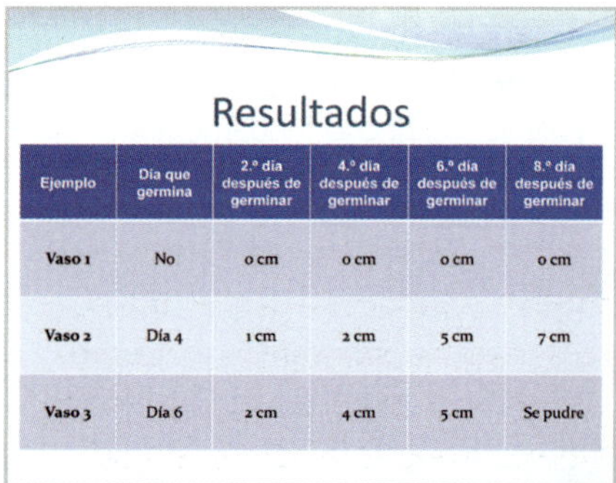

Ejemplo	Día que germina	2.º día después de germinar	4.º día después de germinar	6.º día después de germinar	8.º día después de germinar
Vaso 1	No	0 cm	0 cm	0 cm	0 cm
Vaso 2	Día 4	1 cm	2 cm	5 cm	7 cm
Vaso 3	Día 6	2 cm	4 cm	5 cm	Se pudre

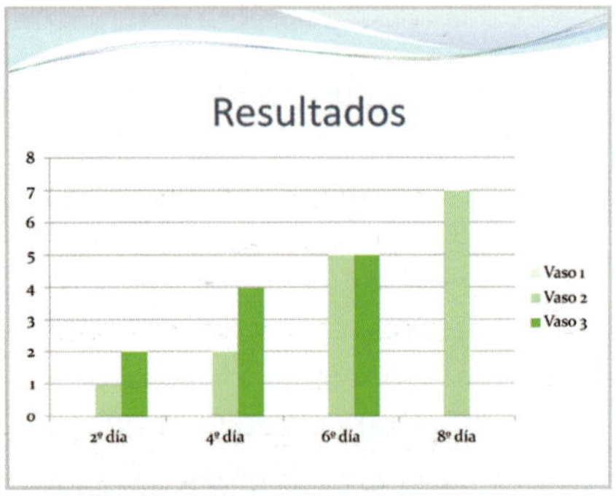

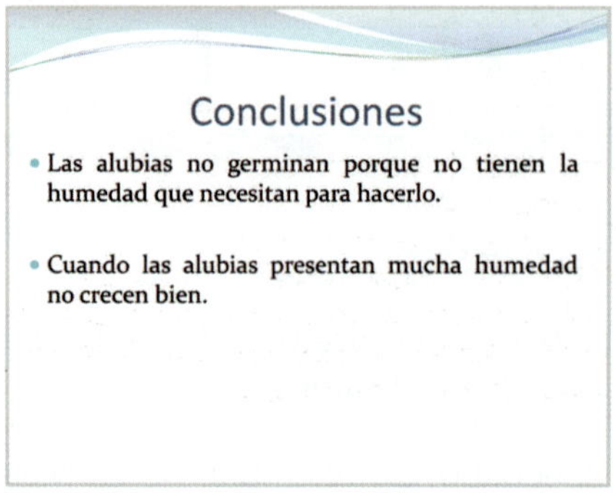

Como puedes observar, en las diapositivas no se explica con detalle todo lo que se ha hecho. Se escriben y se representan los datos más importantes, teniendo cuidado de hacerlo correctamente, y el autor explica oralmente a su audiencia el contenido de cada diapositiva.

4.3.3. El artículo científico

Un **artículo científico** es un trabajo destinado a publicarse en una revista especializada, con el objetivo de difundir entre los científicos los resultados obtenidos en una determinada investigación.

Un artículo científico consta de varios apartados:

- Un **título** breve y atractivo, para despertar el interés del lector.
- Los nombres y apellidos de los **autores** y su lugar de trabajo.
- Una lista de **palabras clave** que ayudan en la búsqueda del artículo, pues se refieren a los temas con los que está relacionado.
- Un **resumen** que presenta, de manera sintética, el contenido del artículo.
- El resto de apartados va desgranando la investigación:
  - La **introducción** enuncia el problema que se va a estudiar, las investigaciones anteriores que se han llevado a cabo sobre el mismo, la pregunta de investigación y la hipótesis.
  - La **metodología** explica los pasos seguidos y los experimentos realizados.
  - Los **resultados** se presentan con un lenguaje claro, apoyado con gráficas, esquemas o imágenes.
  - En las **conclusiones** se analizan los resultados, se reflexiona sobre el logro de los objetivos y la validez de la hipótesis y se proponen nuevas líneas de investigación.

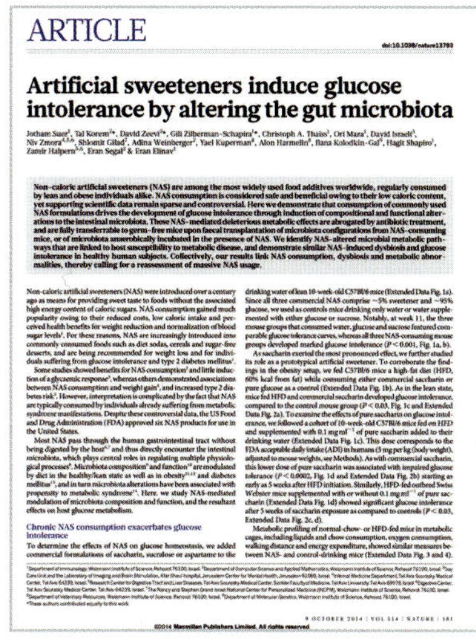
ARTICLE

Artificial sweeteners induce glucose intolerance by altering the gut microbiota

Artículo científico publicado en la prestigiosa revista británica *Nature*.

4.3.4. Las fichas técnicas

Una **ficha técnica** es un documento en forma de resumen donde se describen las características más importantes del objeto de una investigación.

Los apartados de una ficha técnica varían según su contenido, pero en general suelen incluir un título, alguna imagen y las características del objeto de investigación. También puede añadirse alguna anécdota sobre la investigación.

Una ficha técnica también puede consistir en una serie de preguntas acerca de un tema específico para darlo a conocer a nivel general. Por ejemplo, el prospecto de un medicamento es un ejemplo de ficha técnica.

Nombre común: Albahaca

Nombre científico: *Ocimum basilicum.*
Hábitat: Jardines, patios.
Usos: Se usa como condimento alimentario, entre otras cosas.
Características: Hierba anual, cultivada como perenne, de crecimiento bajo (entre 30-130 cm), con hojas opuestas de un verde lustroso, dentadas y de textura sedosa, que miden de 3 a 11 cm de largo por 1 a 6 cm de ancho.

Ideas claras

- Un proyecto de investigación es un trabajo que sigue el método científico para investigar un fenómeno natural o social.
- Los resultados de un proyecto de investigación pueden presentarse mediante pósteres, presentaciones orales con diapositivas, artículos científicos o fichas técnicas.

17 ¿Qué tipo de presentación harías para comunicar los resultados obtenidos en una investigación a los compañeros de tu clase? ¿Y a los miembros de la comunidad educativa en general? Justifica tus respuestas.

- El proyecto de investigación sigue las mismas etapas que el método científico: planteamiento del problema, formulación de hipótesis, experimentación, análisis de los resultados, contraste de la hipótesis y presentación de los resultados.

5. LA MEMORIA DE UN PROYECTO DE INVESTIGACIÓN

Al finalizar un proyecto de investigación es preciso elaborar un informe científico o una memoria que explique todo el trabajo realizado.

La **memoria de un proyecto de investigación** permite dar a conocer el trabajo realizado y las conclusiones que se extraen de él.

Una memoria debe ser:

- **Objetiva,** es decir, debe mostrar nuestra experiencia real, sin manipular los resultados. Concluir que una hipótesis de trabajo es falsa no es un fracaso: permite plantear nuevas líneas de investigación y resolver adecuadamente la pregunta de partida de la investigación.
- **Precisa,** es decir, la metodología empleada y los resultados obtenidos han de exponerse de manera clara, para que cualquier investigador pueda obtener los mismos resultados al repetir los experimentos.

Para hacer una memoria de nuestro proyecto de investigación, ¿por dónde empezarías?

Una memoria de un proyecto de investigación se estructura en los siguientes apartados: portada, índice, resumen, introducción, metodología, resultados, conclusión y bibliografía.

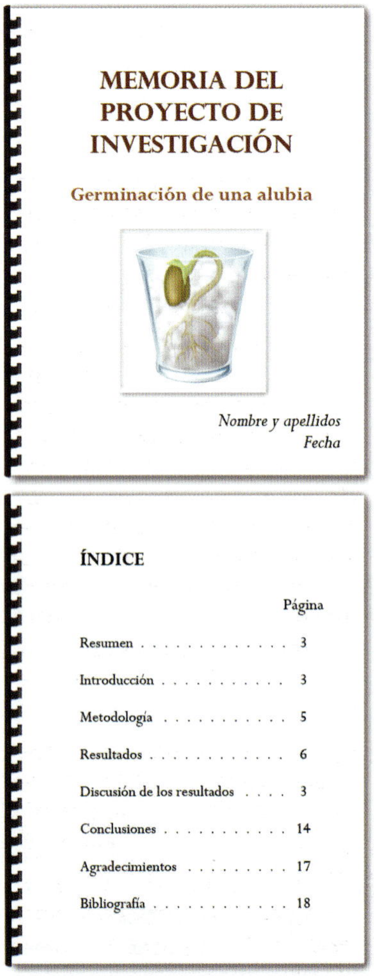

Portada e índice de una memoria.

5.1. Portada

Debe contener un **título,** breve y claro, que resuma de forma precisa el objetivo de la investigación. También han de figurar el **nombre y los apellidos del autor o los autores.** Si son varios, se ordenarán alfabéticamente. Otro dato que se puede incluir es la **fecha** de realización.

Las imágenes siempre hacen más atractiva una portada, pero debemos recordar que lo más interesante del trabajo ha de ser lo que exponemos en el interior de la memoria.

5.2. Índice

En el índice se indican los **apartados** en que se divide la memoria, ordenados según la página en la que aparezcan. Es importante indicar el **número de página** de cada apartado, pues esto permitirá al lector acceder fácilmente al que desee. Si un apartado se divide en **subapartados,** estos también pueden figurar en el índice con su número de página correspondiente.

5.3. Resumen

El resumen debe dar una **idea precisa del contenido** de la memoria, incluyendo la información más importante de la investigación. No es una introducción, es decir, no se trata de explicar por qué llevamos a cabo nuestro proyecto, o cuáles son la pregunta y la hipótesis de partida, sino de resumir brevemente lo más relevante del contenido. La extensión no debe superar las 15 o 20 líneas.

Por ejemplo, en el resumen de nuestro proyecto, explicaríamos que hemos sembrado alubias en diferentes condiciones de humedad y después hemos comprobado cuáles son las condiciones idóneas para su germinación y crecimiento. Se nombrarían, sin detallar, los experimentos que hemos llevado a cabo para comprobarlo.

5.4. Introducción

En la introducción se realiza un planteamiento general del tema de la investigación y se explican las razones por las que el autor ha decidido estudiarlo. Debe contener, además, los siguientes puntos:

- La **pregunta** o las preguntas que nos planteamos resolver.
- Los **objetivos** que queremos alcanzar.
- La **hipótesis** que vamos a comprobar y por qué pensamos que es correcta.

5.5. Metodología

En este apartado hay que detallar todo el trabajo y los experimentos realizados de manera comprensible, para que otras personas puedan repetirlos si lo desean. En primer lugar, describiremos los **materiales** que hemos empleado con el mayor detalle posible. Por ejemplo, el número de alubias o el número de vasos que utilizamos, si estos son transparentes o no.

Después, explicaremos paso a paso cómo hemos llevado a cabo los **experimentos:** cuántas alubias hemos introducido en cada vaso, la cantidad de agua que hemos añadido a cada uno, etc.

5.6. Resultados

Para presentar los resultados obtenidos se pueden usar **tablas, gráficas** o **imágenes.** Una vez presentados, los datos se analizan y se comentan. En nuestro proyecto, podríamos incluir en este apartado la gráfica de la página 14 y analizaríamos las diferencias y semejanzas que hemos observado en la germinación y el crecimiento de las tres alubias sembradas.

5.7. Conclusión

Basándonos en el apartado anterior, expondremos las conclusiones a las que hemos llegado y valoraremos si la hipótesis es acertada o no.

- Si concluimos que la **hipótesis es correcta,** podemos extraer conclusiones generales aplicables a proyectos similares y nuevas ideas para futuras investigaciones.
- Si la **hipótesis es errónea,** tendremos que averiguar dónde está el error y plantear una nueva hipótesis o un nuevo método de trabajo.

5.8. Bibliografía

En ella se incluyen todos los materiales consultados que han servido de apoyo a la investigación. Si la información se obtuvo de Internet, se citará la dirección completa de la página consultada. Si procede de un libro o de una revista, citaremos los autores, el título de la publicación, la fecha y la editorial.

ANDERSON, Donald T. *Invertebrate zoology.* Oxford University Press, 1991.

GOLDSMITH, Timothy H. ¿Qué ven las aves? *Investigación y ciencia*, 360: 60-67, septiembre 2006.

DOLGIEN, Elie. *Trasplantes de órganos sin fármacos y sin compatibilidad de tejidos.* Publicado on-line en 2007. http://www.npgiberoamerica.com/inicio/trasplantes-de-organos-sin-farmacos-y-sin-compatibilidad-de-te.html. Fecha de consulta: 27/09//2015.

Tres ejemplos de citas bibliográficas.

18 ¿Qué dos características debe tener una memoria de un proyecto científico? Justifica tu respuesta.

19 El profesor de Biología y Geología os ha pedido que realicéis un proyecto de investigación en grupo sobre el período de floración de las plantas de vuestra localidad. Un miembro de tu grupo pretende ponerse directamente a escribir la memoria, pero otro comenta que es mejor informarse antes, buscando datos en Internet o en libros. ¿Con qué compañero estarías de acuerdo? ¿Por qué?

20 ¿Qué semejanzas y qué diferencias hay entre la memoria de un proyecto de investigación y un artículo científico?

21 Diseña un proyecto de investigación para explicar cómo varía la sombra de un árbol a lo largo del año.

La ciencia

22 ¿Qué nombre recibe el método de trabajo que se utiliza para investigar un hecho ocurrido en la naturaleza?

23 ¿Qué diferencia hay entre ciencia y pseudociencia?

El método científico

24 Ordena las etapas del método científico:

a) Experimentación.

b) Conclusión: contraste de la hipótesis.

c) Planteamiento de una cuestión.

d) Observación de la realidad.

e) Análisis de los resultados.

f) Elaboración de una hipótesis.

25 Diseña un experimento para comprobar la veracidad de la siguiente hipótesis:

«Los hongos, como el moho del pan o de la fruta, crecen mejor cuando la temperatura y la humedad ambiental son elevadas».

El trabajo científico

26 ¿Qué dos «instrumentos» son fundamentales a la hora de plantear un trabajo o una experimentación científica? Justifica tu respuesta.

27 ¿Verdadero o falso? Razona tus respuestas.

a) Cuando trabajas en el laboratorio, debes tomar los materiales que vayas necesitando conforme desarrolles el experimento.

b) Al acabar el experimento, la mesa de trabajo debe quedar igual que antes de comenzarlo.

c) Coloca la mochila sobre la mesa del laboratorio para no tropezar con ella cuando camines.

d) Si te sobra algún producto, devuélvelo a su frasco para aprovecharlo.

e) En caso de duda sobre un compuesto químico, usa el olfato, que facilita mucho su reconocimiento.

28 Define los siguientes instrumentos de laboratorio:

a) Pie de rey

b) Dinamómetro

c) Cronómetro

d) Vidrio de reloj

e) Termómetro

f) Balanza

g) Tubo de ensayo

h) Probeta

i) Pipeta

j) Matraz Erlenmeyer

A continuación, copia los términos anteriores en una columna, las siguientes funciones en otra, y relaciónalos:

Evaporar disoluciones	Medir longitudes
Material para reacciones	Medir la temperatura
Medir fuerzas	Medir la masa
Medir un volumen pequeño	Medir volúmenes mayores
Medir tiempos	Hacer reacciones

29 Busca en el laboratorio de tu centro un producto químico que presente en su etiqueta alguno de los símbolos de advertencia que se muestran en la siguiente imagen. Después, responde a las preguntas.

a) ¿Qué producto es? ¿Para qué se usa?

b) ¿Por qué se representa con ese símbolo?

30 ¿Qué ventajas e inconvenientes plantea el trabajo de investigación en el campo?

31 ¿Para qué tipo de trabajo de campo utilizarías una brújula? ¿Y una cámara fotográfica?

El proyecto de investigación

32 Realiza una tabla de datos a partir del siguiente enunciado. Representa los datos en una gráfica y explica por qué has elegido ese tipo de gráfica.

Un profesor observa que el número de alumnos aprobados en su materia a lo largo del curso varía en función de las unidades trabajadas. Así, en la primera unidad aprueban 10 alumnos, en la segunda 12, en la tercera 11, en la cuarta 18, en la quinta 15 y en la sexta 20.

33 Explica brevemente qué reglas o consejos básicos debemos seguir a la hora de elaborar un póster científico.

34 Elabora un póster sobre la flora de tu entorno. Recoge muestras de ejemplares e información de entre 4 y 6 especies vegetales.

35 Elabora una presentación que contenga de 6 a 8 diapositivas sobre los perros y sus razas.

36 Realiza una tabla de datos, un diagrama de sectores y un diagrama de barras a partir del siguiente enunciado:

Del total de agua dulce que hay en nuestro planeta, el 79 % forma los glaciares, el 20 % las aguas subterráneas y el 1 % restante los ríos, los lagos y el resto de aguas superficiales continentales.

37 Comenta la veracidad de la siguiente afirmación:

«En caso de que el tiempo sea una de las variables de nuestra experimentación, siempre irá en el eje horizontal de las gráficas».

38 Interpreta los resultados representados en las siguientes gráficas. ¿Cuál de ellas nos proporciona una información más exacta sobre el número de personas que eligen cada opción? Razona tu respuesta.

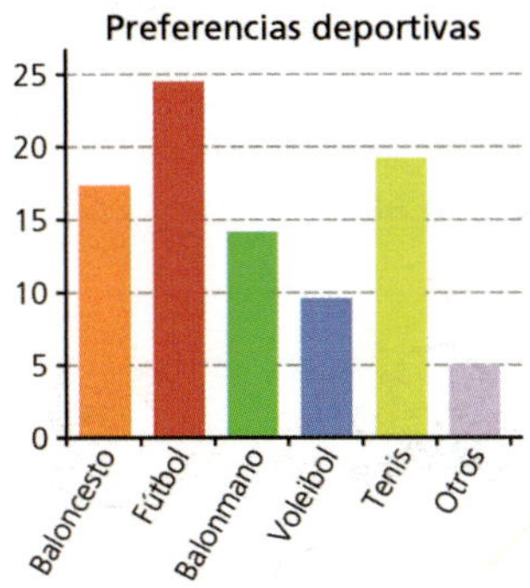

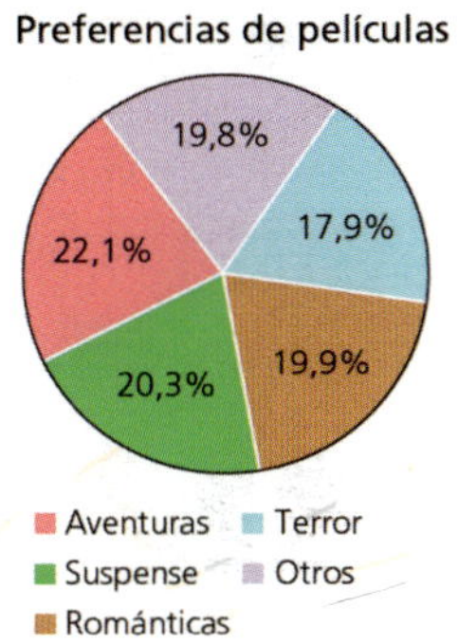

39 Busca información y redacta un texto de 20 a 30 líneas sobre uno de los siguientes temas. No olvides indicar la bibliografía utilizada:

a) La fotosíntesis.

b) La atmósfera.

c) La célula.

La memoria de un proyecto de investigación

40 ¿Es la memoria de un proyecto científico el medio idóneo para exponer oralmente y en público los resultados de un experimento? Razona tu respuesta.

41 Cita los apartados que debería contener la memoria de un proyecto que estudia si la masa de un cuerpo influye en la fuerza con la que la Tierra lo atrae.

42 ¿Qué es la bibliografía de una memoria? ¿Qué importancia tiene?

LEE Y COMPRENDE LA CIENCIA

La creencia en lo paranormal es un problema de desinformación

A Paul Kurtz le conocen todos los astrólogos, parapsicólogos, videntes y ufólogos de Estados Unidos. No en vano, a través de su revista se dedica a desmontar los fraudes más comunes del mundo paranormal. Para tal empeño se ha rodeado de colaboradores pertenecientes a una interminable lista de científicos, premios Nobel incluidos.

Pero Kurtz, además de un incansable combatiente contra la pseudociencia, es la voz más autorizada del humanismo mundial y sigue a rajatabla la consigna que Protágoras lanzó hace veinticinco siglos: «el hombre es la medida de todas las cosas», y defiende el primer derecho del ser humano: la libertad de no creer.

Jorge Alcalde
Muy Interesante, agosto 1995

a) ¿De qué habla el texto? ¿Qué es un vidente?

b) ¿Qué quiere decir «seguir a rajatabla»?

c) ¿Por qué crees que Paul Kurtz está en contra de las disciplinas que nombra el texto?

d) ¿Cuál crees que es el papel de la ciencia?

TÉCNICAS DE ESTUDIO

Puedes grabar tu resumen y escucharlo tantas veces como quieras para repasar

- Elabora tu propio resumen a partir de los recuadros *Ideas claras* que aparecen en la unidad. También puedes añadir otros contenidos que consideres importantes.
- Copia el siguiente esquema en tu cuaderno y añade los elementos necesarios para construir un mapa conceptual de la unidad.

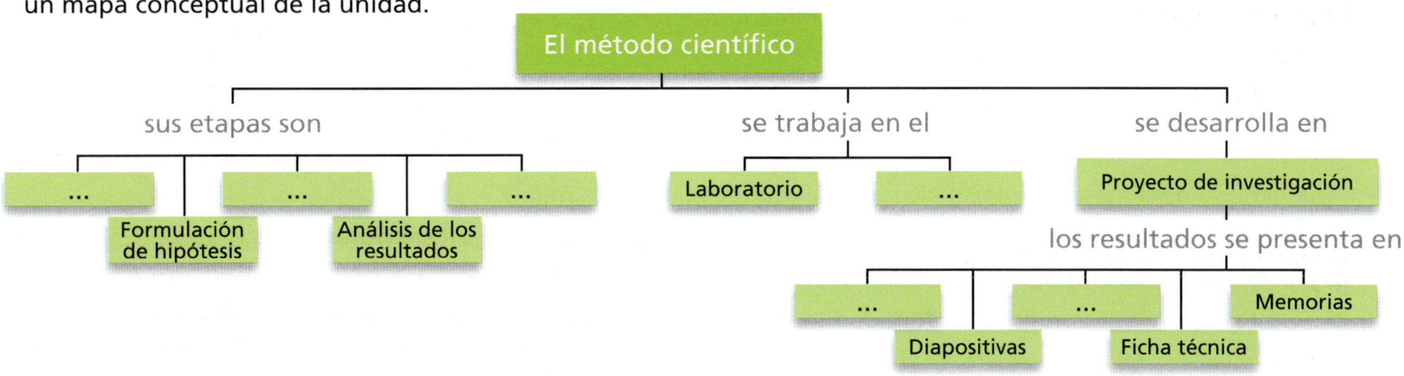

- Crea tu propio glosario científico. Para ello, define los términos siguientes: bibliografía, ciencia, diapositiva, experimento, factor, gráfica, hipótesis, laboratorio, ley, póster, tabla de datos, teoría y variable. Puedes completar tu glosario con otros términos que consideres adecuados.

TÉCNICAS DE TRABAJO Y EXPERIMENTACIÓN

La densidad de la materia

La densidad es una propiedad de la materia que permite distinguir unas sustancias de otras. En esta práctica vas a comprobar qué es la densidad, a la vez que aprendes a utilizar diferentes instrumentos de laboratorio.

Procedimiento

1. Con el rotulador, numera tres de las probetas de 100 mL para distinguirlas.
2. Pésalas por separado en la balanza y anota en tu cuaderno la masa de cada una.
3. Añade 50 mL de agua en la probeta 1 y vuelve a pesarla. Anota el resultado y calcula la masa de los 50 mL de agua.
4. Añade 50 mL de alcohol en la probeta 2 y pésala de nuevo. Anota el dato y calcula la masa de los 50 mL de alcohol.
5. Añade 50 mL de aceite en la tercera probeta y pésala. Anota el peso y calcula la masa de los 50 mL de aceite.
6. Calcula la densidad del agua, del alcohol y del aceite utilizando la siguiente fórmula:

$$\text{densidad (g/L)} = \frac{\text{masa (g)}}{\text{volumen (L)}}$$

   Para expresar la densidad en gramos por litro (g/L), recuerda convertir en litros (L) los volúmenes de las probetas, que están en mililitros (mL).
7. En la probeta de 250 mL, añade lentamente los 50 mL de agua, los 50 mL de alcohol y los 50 mL de aceite. Hazlo en ese orden y dejando resbalar suavemente los líquidos por la pared de la probeta.
8. Deja reposar la mezcla y observa lo que ocurre.
9. Pesa por separado el tapón y la piedra, y anota sus masas en el cuaderno.
10. En una probeta de 100 mL, añade 50 mL de agua. Introduce en ella el tapón y la piedra y observa lo que ocurre.

Materiales

- Rotulador para vidrio.
- Balanza.
- Cuatro probetas de 100 mL.
- Una probeta de 250 mL.
- 50 mL de agua.
- 50 mL de alcohol.
- 50 mL de aceite.
- Un tapón de corcho.
- Una piedra de masa inferior a la del tapón de corcho.

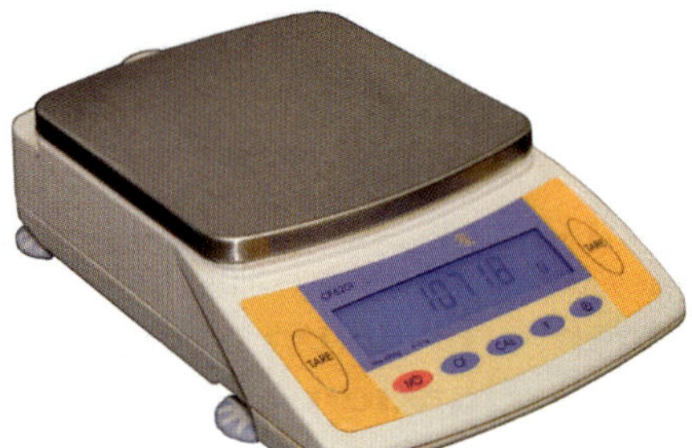

1. ¿Qué líquido pesa más, el agua, el alcohol o el aceite? ¿Cuál pesa menos?
2. En los pasos 7 y 8, al añadir los tres líquidos en la probeta de 250 mL y dejarlos reposar:
   a) ¿En qué orden se disponen?
   b) ¿Existe alguna relación entre la densidad y la disposición de los tres líquidos en la probeta?
   c) Si mezclamos 100 mL de aceite, 75 mL de agua y 50 mL de alcohol, ¿mantendrán el mismo orden en la probeta? Realiza el experimento y comprueba si la respuesta es correcta.
3. Observa lo que les ocurre al corcho y a la piedra. ¿Cuál de ellos flota? ¿Por qué?
4. A partir de la experiencia, explica con tus palabras la diferencia entre masa y densidad.

TAREA DE INVESTIGACIÓN

¿Están vivas las alubias?

El **objetivo** de esta tarea es poner en práctica lo que has aprendido en esta unidad sobre el trabajo científico y cómo se realiza un proyecto de investigación. Completarás tu investigación sobre la germinación de las alubias y presentarás tus resultados en un artículo científico.

1. Investiga

a) ¿Las alubias son semillas muertas o vivas?

b) ¿Por qué las alubias no germinan en el envase?

c) ¿Qué necesita una semilla para germinar?

d) ¿Podría germinar una semilla de alubia en nuestro sistema digestivo?

e) ¿Obtendrás el mismo resultado si siembras cualquier otra legumbre?

2. Elabora

Para presentar los resultados de tus investigaciones, tendrás que elaborar un artículo científico:

- Revisa la estructura del artículo científico detallada en la unidad.
- Ordena la información antes de seleccionar los contenidos principales que incluirás en el artículo. Para ello, realiza un esquema.
- Recuerda anotar las palabras clave: por ejemplo: germinación, semilla, etc.
- Redacta la información que quieras utilizar en cada apartado y selecciona las imágenes, las tablas y las gráficas adecuadas.
- En el apartado de conclusiones, no olvides hacer una reflexión sobre la hipótesis de trabajo.
- Cita la bibliografía utilizada al final del artículo.

Pautas de resolución

Para realizar la investigación debes seguir una serie de pasos:

Búsqueda de información

- Busca los factores que facilitan la germinación de las semillas.
- Investiga sobre la época más favorable para la germinación y crecimiento de las alubias.
- No te fíes de una sola fuente de información.
- Anota en la bibliografía todas las fuentes que has consultado.

Organización de la información

- Diseña el experimento antes de realizarlo.
- Elabora tablas y gráficas para interpretar los resultados.
- Responde por escrito a las preguntas planteadas en el apartado *Investiga*.

Obtención de conclusiones y verificación

- Comprueba que las respuestas que das se repiten en varias fuentes.
- Repasa el artículo una vez terminado, para comprobar que está completo y es coherente.

AUTOEVALUACIÓN

- A la vista de lo investigado, evalúa tu trabajo respondiendo también a estas cuestiones:

1. ¿Has podido responder a todas las preguntas del apartado *Investiga?*

2. ¿Has necesitado ayuda para diseñar y llevar a cabo el experimento? ¿Y para buscar la información?

3. ¿Has incluido en el artículo todos los apartados descritos en la página 17?

4. Valora tu artículo puntuándolo del 1 al 5, teniendo en cuenta que 1 corresponde a un resultado insuficiente y 5 indica que se han cumplido totalmente los objetivos.

2 LA TIERRA EN EL UNIVERSO

EN ESTA UNIDAD VAS A APRENDER A...

- Identificar las ideas principales sobre el origen del universo y reconocer que las teorías científicas pueden variar.
- Realizar cálculos sencillos de las distancias en el universo.
- Reconocer los componentes del universo y del sistema solar.
- Conocer las características de los planetas y de otros componentes del sistema solar.
- Identificar los principales fenómenos relacionados con la posición y el movimiento de los astros, y deducir su importancia para los seres vivos.
- Interpretar gráficos y esquemas relacionados con el movimiento de los astros.
- Realizar una tarea de investigación.

bg1e0201

CONTENIDOS DE LA UNIDAD

1. El universo

Para conocer tu estatura usas el metro; para medir distancias entre localidades usamos el kilómetro.

- *¿Qué unidad se usa para medir distancias entre planetas?*

2. Nuestra galaxia

En el cielo nocturno, cuando está despejado, observamos muchas estrellas.

- *¿Pertenecen todas a nuestra galaxia? ¿Podemos observar también los planetas?*

3. El sistema solar

El sistema solar está formado por el Sol y otros cuerpos que giran a su alrededor.

- *Además de los planetas, ¿qué otros cuerpos hay en el sistema solar?*

4. Los planetas del sistema solar

Ocho son los planetas del sistema solar, y cada uno posee características propias.

- *¿En qué dos grupos los dividirías?*

6. El sistema Sol-Tierra-Luna

Una compañera te ha contado que el pasado verano, en la playa, pudo contemplar un eclipse en el que la Luna estaba tapando el Sol.

- *¿Cómo se denomina este tipo de eclipses?*
- *¿Sabrías explicar cómo se produce?*

5. Los movimientos de la Tierra

Cuando nosotros celebramos el Año Nuevo, en otros países, como Argentina, están en verano.

- *¿Cómo es posible?*

Tarea de investigación

Duración de los días

Al mismo tiempo que la Tierra gira sobre sí misma, se desplaza alrededor del Sol. Pero ¿cómo varían las horas de luz en diferentes lugares a lo largo del año?

Vamos a resolver esta cuestión investigando el número de horas de Sol en distintas ciudades.

Tomaremos como referencia la capital de tu provincia y las ciudades de Oslo, Quito y Sídney.

Una vez obtenidos los datos, deberás organizarlos de manera que puedan ser interpretados y sacar, así, conclusiones.

- *¿Sabes a qué países pertenecen las ciudades sobre las que vas a investigar? ¿Cuál dirías, a priori, que tiene más horas de luz al año?*
- *¿Conoces la relación que existe entre los movimientos de la Tierra y las estaciones del año?*

El universo está formado por todos los astros y el espacio que hay entre ellos.

1. EL UNIVERSO

Desde hace miles de años, el ser humano se ha interrogado sobre la composición y el origen del universo. La ciencia que se ocupa del estudio del origen y la evolución del universo es la **astronomía.**

Se define **universo o cosmos** como todo lo que existe.

¿Cómo imaginas que se originó el universo?

1.1. El origen del universo

Los astrónomos de todos los tiempos han propuesto diferentes hipótesis para explicar el origen del universo. Actualmente, la teoría más aceptada por la mayoría de los científicos es la del Big Bang.

1.1.1. La teoría del Big Bang

Según esta teoría, antes de originarse el universo toda la materia se concentraba en un punto. Debido a tal acumulación de materia y energía, la temperatura en ese punto era muy elevada. Y como consecuencia de ello, hace 13 700 millones de años se produjo una **gran explosión** que dio origen a todo cuanto existe. La materia fue liberada en todas las direcciones y el universo se expandió mucho muy rápidamente, en menos de un segundo.

Desde entonces, la expansión del universo no se ha detenido, aunque sucede a menor velocidad.

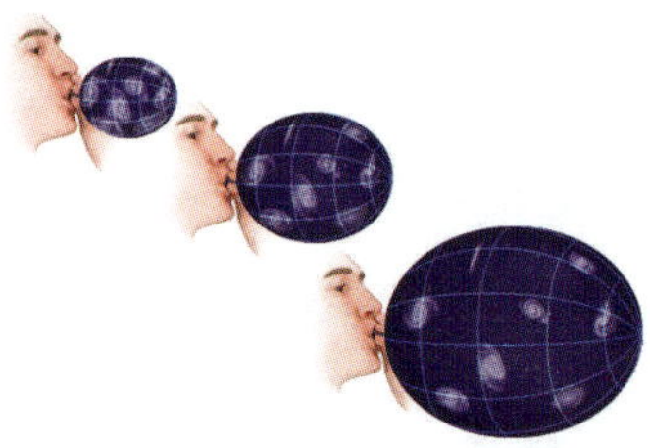

Expansión del universo.

1 Si pintamos unas galaxias en un globo y lo inflamos cada vez más, ¿qué ocurre con las galaxias?, ¿se acercan o se alejan unas de otras?

Durante la **fase de expansión** se formaron los primeros átomos, como el hidrógeno y el helio, y las primeras moléculas, que eran principalmente gaseosas.

La materia y la energía comenzaron a agruparse en lugares concretos del universo en formación. Así surgieron las primeras estrellas, que se unieron para originar galaxias, y el resto de cuerpos que encontramos en el universo.

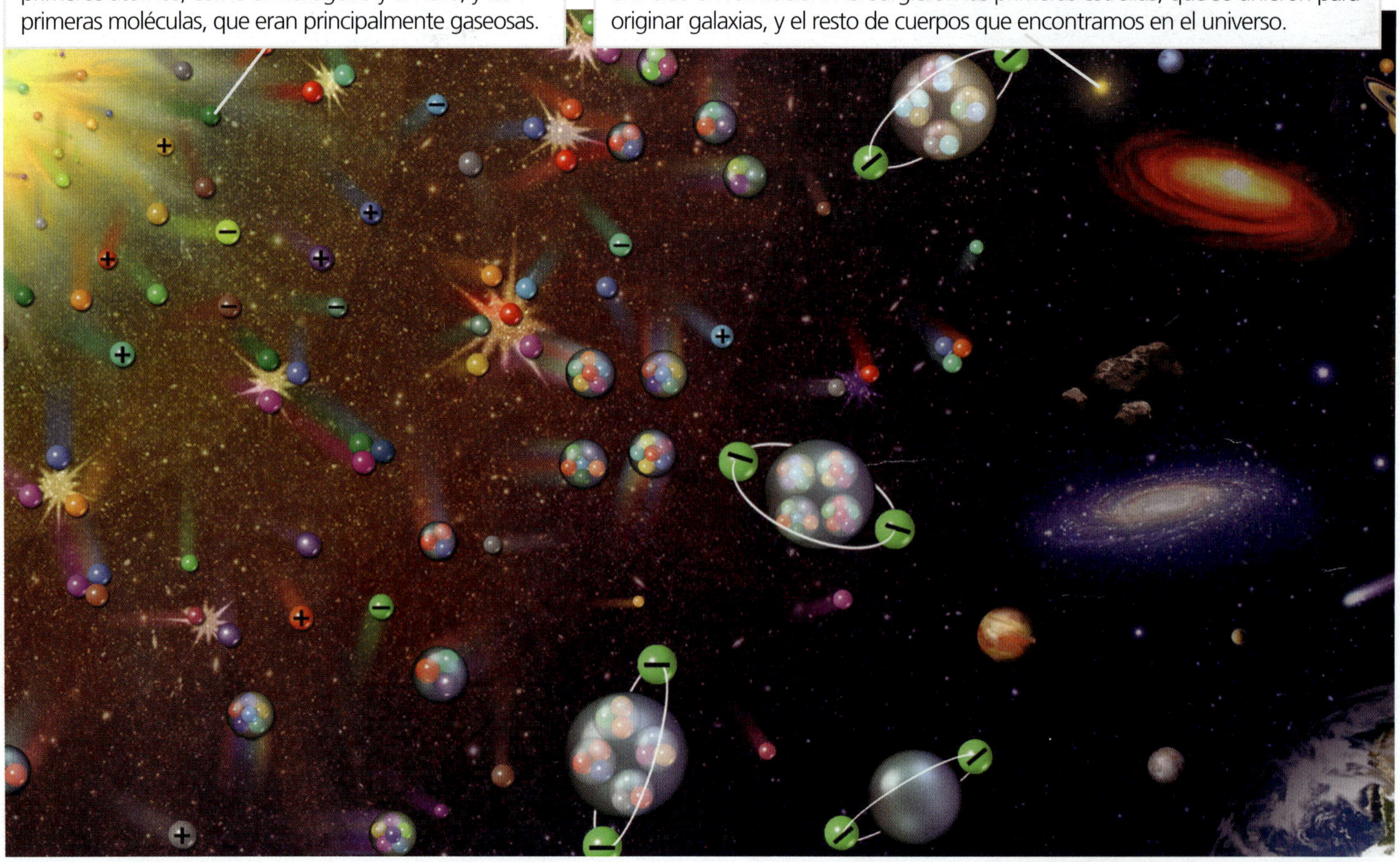

1.1.2. La teoría inflacionaria

Esta teoría, basada en descubrimientos recientes, explica cómo fueron los primeros instantes, el primer segundo después del Big Bang.

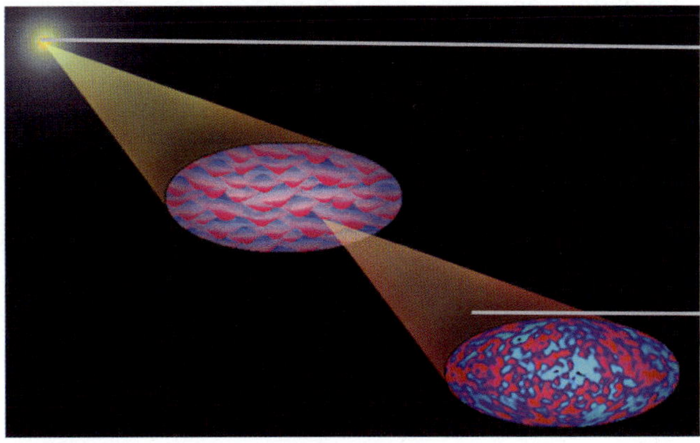

Tiempo 0: Big Bang
Se produce una fuerte explosión. Se originan pequeñas partículas y se libera mucha energía.

Primer segundo
Tras la inflación, el universo se expande mucho. Esta expansión provoca un enfriamiento y da origen a las partículas que componen los átomos: electrones, protones y neutrones.

1.2. La posición de la Tierra en el universo

Para definir la posición que la Tierra ocupa en el Universo se han propuesto diferentes modelos, principalmente dos: el modelo geocéntrico y el modelo heliocéntrico.

Modelo geocéntrico

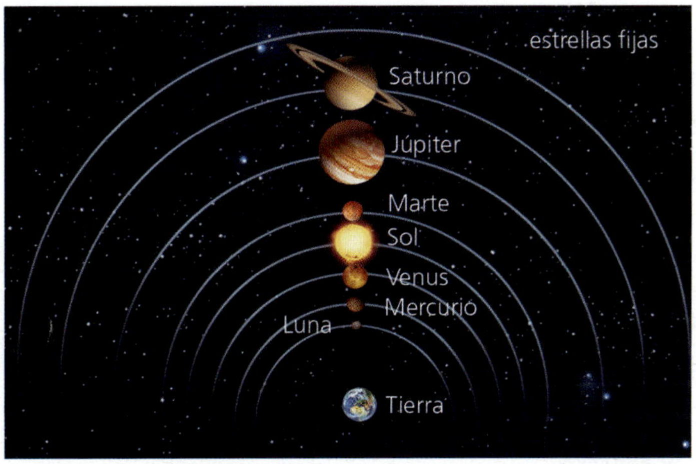

El prefijo *geo–* procede del griego y significa «tierra». Este modelo fue ideado por **Aristóteles** en el siglo IV a.C. y formalizado por **Ptolomeo** en el siglo II. Se mantuvo vigente hasta el siglo XVI. Se basa en las siguientes afirmaciones:

- La Tierra es esférica y se encuentra en el centro del universo.
- El Sol, la Luna y los planetas giran en círculos concéntricos alrededor de la Tierra.
- Las estrellas se hallan fijas en una bóveda, que también gira alrededor de la Tierra.

Modelo heliocéntrico

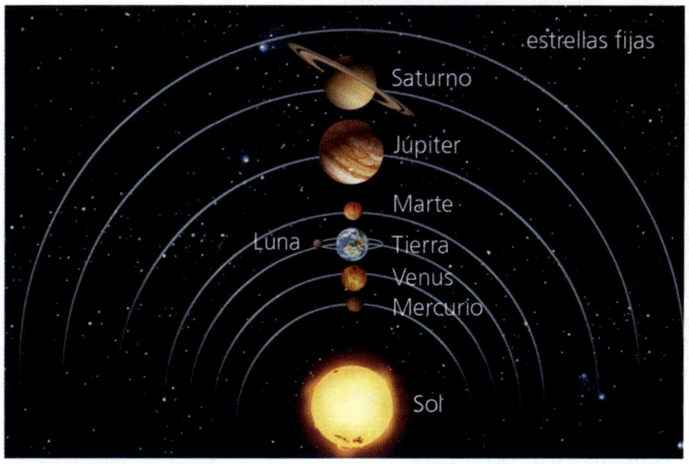

El prefijo *helio–* procede del griego y significa «sol». Este modelo fue sugerido por **Aristarco de Samos** en el siglo III a.C., pero hubo que esperar al siglo XVI para que fuera expuesto por **Copérnico** y verificado por **Galileo.** Según este modelo:

- El Sol está inmóvil y ocupa el centro del universo.
- Los planetas giran en círculos concéntricos alrededor del Sol.
- La Tierra gira sobre sí misma y la Luna gira a su alrededor.
- Las estrellas se hallan fijas en una bóveda que no se mueve.

A partir del siglo XVII algunos científicos, como **Johannes Kepler,** comprobaron que las estrellas no están fijas y que las órbitas de los planetas son elípticas.

2 Existen otras teorías sobre el origen del universo. Busca información sobre la teoría del estado estacionario y la del universo oscilante y realiza una breve descripción de las mismas.

1.3. Las distancias en el universo

Debido a la inmensidad del universo, para medir las distancias entre galaxias se utilizan unidades de longitud diferentes a las que empleamos para medir distancias en la Tierra. Estas unidades son el año luz y el pársec. Para medir distancias más cortas, como las que separan las estrellas y los planetas de nuestro sistema solar, utilizamos la unidad astronómica.

1.3.1. El año luz

Un **año luz** equivale a la distancia que recorre la luz en un año, propagándose a una velocidad de 300 000 km por segundo.

¿Cómo calcularías la distancia que recorre la luz en un año?

Para tener idea de los kilómetros que la luz recorre en un año, primero debemos saber cuántos segundos hay en este periodo.

Considerando que un año tiene 365 días, realizaremos las siguientes operaciones:

1 año = 365 días

365 días · 24 h/día = 8 760 h/año

8 760 h/año · 3 600 s/h = 31 536 000 s/año

Una vez calculados los segundos que hay en un año, y sabiendo que la luz recorre 300 000 km por segundo:

31 536 000 s · 300 000 km/s = 9 460 800 000 000 km

Es decir, en un segundo la luz recorre aproximadamente 9,5 billones de kilómetros.

1.3.2. El pársec

Un **pársec (pc)** equivale a 3,26 años luz. Se suele emplear para medir grandes distancias interestelares.

Por ejemplo, la estrella más cercana al sistema solar es Próxima Centauri, que se encuentra a 1,31 pc o 4,28 años luz.

1.3.3. La unidad astronómica

Una **unidad astronómica (UA)** se define como la distancia media entre la Tierra y el Sol, y su valor equivale, aproximadamente, a 150 000 000 km.

La enorme distancia a la que se encuentran las estrellas de los planetas del sistema solar hace que percibamos hoy la luz que produjeron en el pasado, incluso la de estrellas ya extinguidas. Y lo mismo sucede con la luz del Sol, que nos llega mucho después de haber sido emitida.

¿Podrías decir cuánto tarda la luz del Sol en llegar a la Tierra?

Sabemos que la Tierra se encuentra a 1 UA del Sol, es decir, a unos 150 000 000 km. También sabemos que la luz viaja a 300 000 km/s. Por tanto:

$$\frac{150000000\ \text{km}}{300000\ \text{km/s}} = 500\ \text{s} = 8{,}33\ \text{min}$$

Es decir, la luz del Sol tarda algo más de 8 minutos en llegar a nuestro planeta.

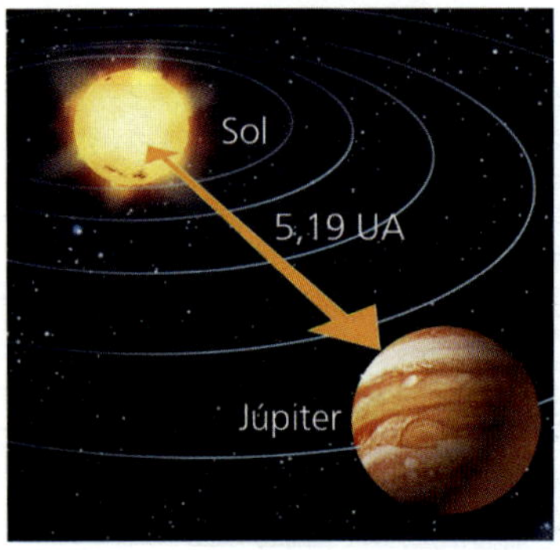

Distancias en el sistema solar.

3 Júpiter se encuentra a unas 5,19 UA del Sol. ¿A cuántos millones de kilómetros equivale esta distancia?

4 Ordena de mayor a menor las siguientes distancias: 1 500 millones de km, 2 años luz y 0,5 pc.

5 Si la distancia entre Marte y el Sol es de 228 millones de kilómetros, ¿a qué distancia de la Tierra se encuentra Marte en millones de kilómetros? ¿A cuántas UA equivale la distancia calculada?

6 ¿A cuántas UA equivale un año luz? ¿A cuántos kilómetros equivale un pársec?

1.4. Composición del universo: las galaxias

Debido a su inmensidad, solo conocemos una pequeña parte del universo, en la que existen innumerables galaxias.

Las **galaxias** son enormes agrupaciones de estrellas, nebulosas y polvo interestelar que se mantienen unidos entre sí debido a la acción de la fuerza de la gravedad[1].

[1]**gravedad:** atracción de los cuerpos en función de su masa.

¿Crees que todas las galaxias son iguales?

Las galaxias pueden tener diferentes formas: elípticas, espirales normales, espirales barradas e irregulares. De todas ellas, las espirales son las más comunes.

Tipos de galaxias.

Las galaxias se agrupan formando **cúmulos,** que pueden estar constituidos por centenares o, incluso, por miles de galaxias.

1.4.1. Las nebulosas

Las **nebulosas** son inmensas nubes gaseosas formadas por concentraciones de hidrógeno y helio y polvo interestelar.

Aunque no contienen estrellas, las nebulosas pueden haberse formado a partir de restos de antiguas estrellas que explotaron.

Algunas nebulosas son lugares de formación de estrellas, que nacen al concentrarse los gases y provocar un aumento de la temperatura. Por ello es frecuente encontrar nebulosas y cúmulos estelares juntos.

Cabeza de Caballo.

Trífida.

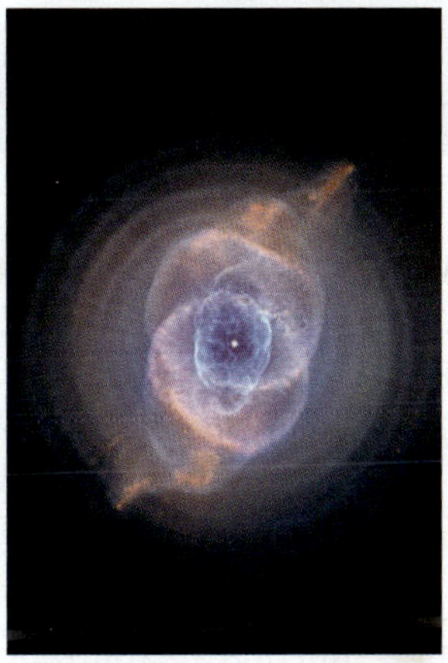

Ojo de Gato.

9 Investiga y explica en tu cuaderno a qué se debe el color que presentan algunas nebulosas, como las que se muestran en las fotografías.

7 ¿Qué diferencias hay entre una galaxia y una nebulosa?

8 Busca información sobre el nombre de las galaxias más cercanas a nosotros. Describe su forma e indica a qué distancia se encuentran de nuestra galaxia.

Ideas claras

- El universo es todo el espacio, la materia y la energía que existen.
- La teoría más aceptada para explicar el origen del universo es la del Big Bang. La teoría inflacionaria explica los primeros instantes después del Big Bang.
- Para medir las distancias entre las galaxias se usan el año luz, el pársec y la unidad astronómica.
- Las galaxias son agrupaciones de estrellas, nebulosas, polvo y gas interestelar.

- Nuestra galaxia se denomina Vía Láctea.
- Las galaxias más comunes son las espirales.

2. NUESTRA GALAXIA

Las galaxias son los lugares del universo donde se agrupan las estrellas, las nebulosas y los planetas.

La Tierra es uno de los millones de cuerpos celestes que se encuentran dentro de la galaxia llamada Vía Láctea.

2.1. La Vía Láctea

La **Vía Láctea** es una galaxia espiral, que se sitúa en un cúmulo de galaxias denominado **Grupo Local,** junto con otras como Andrómeda o las Nubes de Magallanes.

El nombre de Vía Láctea se debe a su aspecto blanquecino, que podemos observar de noche, con el cielo despejado y sin contaminación lumínica. También recibe el nombre de Camino de Santiago.

Formada por miles de millones de estrellas, la Vía Láctea presenta cuatro brazos, en uno de los cuales se halla el Sol. En ella se distinguen tres zonas: el núcleo, el disco galáctico y el halo.

Halo: contiene estrellas aisladas y envuelve al núcleo y al disco.

Disco galáctico: está formado por cuatro brazos espirales, donde se hallan las estrellas más jóvenes.

Núcleo central o **bulbo:** forma el centro de la galaxia y está constituido por las estrellas más viejas.

La estructura de la Vía Láctea.

10 Observando la imagen de la Vía Láctea, ¿cómo explicarías a Aristóteles y a Aristarco que estaban confundidos en sus teorías?

11 Observa, en la imagen superior, las dimensiones de la Vía Láctea y calcula:

a) ¿Cuáles son las dimensiones de nuestra galaxia en pársecs?

b) ¿Cuáles son las dimensiones de nuestra galaxia en UA?

12 Razona y explica por qué el núcleo central brilla más que el disco galáctico o que el halo.

13 ¿Piensas que el sistema solar es el único sistema planetario de la Vía Láctea? Justifica tu respuesta.

2.2. El cielo nocturno: las constelaciones

Todas las estrellas que observamos de noche en el cielo pertenecen a la Vía Láctea. Son la parte visible de nuestra galaxia desde la Tierra.

Si miramos las estrellas por la noche, a simple vista todas están a la misma distancia. ¿Crees que eso es así realmente?

Cada estrella se encuentra a una distancia diferente de nuestro planeta, pero a simple vista no percibimos la sensación de profundidad. Por ello, vemos como si estuvieran juntas, e incluso alineadas, estrellas que en realidad se encuentran muy lejos a distintas distancias de nosotros. Esta percepción permite agrupar las estrellas de la Vía Láctea en figuras imaginarias que constituyen las diferentes **constelaciones.** No todas son visibles desde cualquier lugar en la Tierra ni en cualquier momento del año. Así, desde el hemisferio norte solo podemos contemplar 37 de las 88 constelaciones existentes.

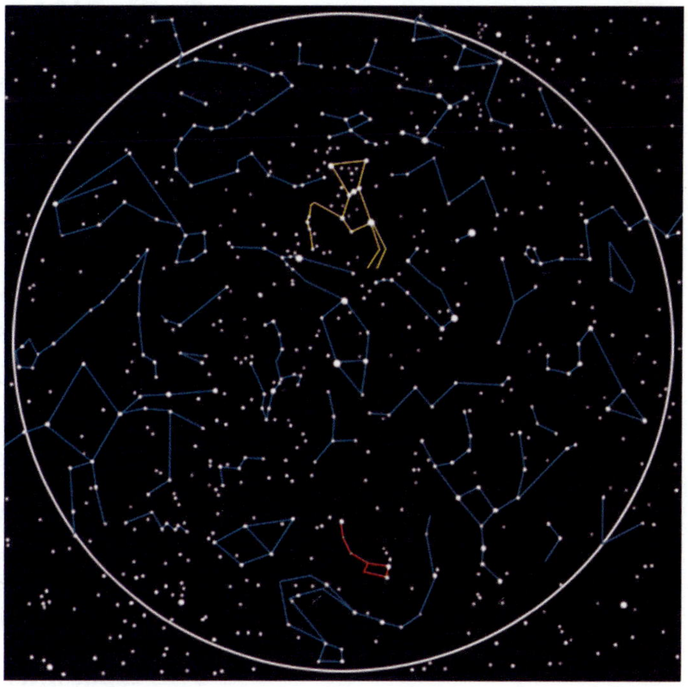

Constelaciones del hemisferio norte.

14 Sabiendo que la Estrella Polar se encuentra en la constelación de la Osa Menor (en rojo) y señala el Norte, ¿hacia dónde señala la constelación de Orión (en amarillo)?

2.3. Las estrellas

Las **estrellas** son grandes esferas de gas, principalmente hidrógeno y helio, que liberan energía y emiten luz.

Dentro de las estrellas se produce una reacción química llamada **fusión nuclear,** que origina mucha energía. Esta se libera en forma de luz y calor.

Las estrellas se diferencian por su color, su tamaño y su brillo.

- El **color** de una estrella viene definido por su temperatura superficial.

Tipo	Temperatura (°C)	Color	Ejemplo
O	> 30 000	Muy azul	Naos
B	10 000-30 000	Azul	Rigel
A	7 500-10 000	Blanco	Vega
F	6 000-7 500	Blanco-amarillo	Proción
G	5 000-6 000	Amarillo	Sol
K	3 500-5 000	Anaranjado	Arturo
M	2 000-3 500	Rojo	Betelgeuse

Conforme una estrella consume el hidrógeno que contiene, va cambiando de color, hasta que el hidrógeno se agota y la estrella muere.

- El **tamaño** se mide tomando como referencia el Sol. Así, las estrellas que son mayores se denominan **gigantes;** las del mismo tamaño, **medianas,** y las de tamaño inferior, **enanas.**
- El **brillo** de una estrella depende de la distancia a la que se encuentre, de la cantidad de energía que emita y de su tamaño.

Las estrellas se agrupan formando **cúmulos estelares,** que pueden ser muy densos **(globulares)** o menos densos, formadas por estrellas más dispersas **(abiertos).** Algunas atraen a su alrededor distintos cuerpos, con los que forman un sistema planetario. Es el caso de nuestro sistema solar.

15 ¿Qué estrella brillará más, una enana o una gigante? Razona tu respuesta.

Ideas claras

- La Vía Láctea es una galaxia espiral que pertenece al cúmulo de galaxias llamado Grupo Local.
- La Vía Láctea tiene un núcleo de estrellas viejas, un disco galáctico con cuatro brazos, y un halo.
- Las constelaciones son agrupaciones de estrellas vistas desde la Tierra que forman figuras imaginarias.
- Las estrellas son grandes esferas de gas que emiten luz y calor.

▌El sistema solar se localiza en uno de los brazos de la Vía Láctea: el brazo de Orión.

3. EL SISTEMA SOLAR

El **sistema solar** está formado por una estrella, el Sol, y el conjunto de cuerpos que orbitan a su alrededor.

3.1. El Sol

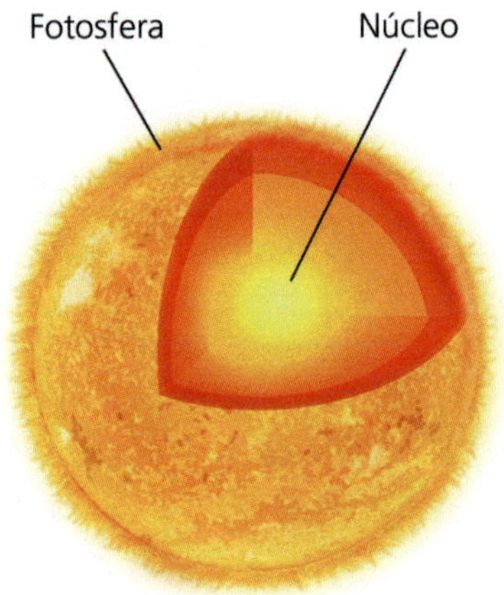

Estructura en capas del Sol.

El Sol nació hace unos 4600 millones de años y se encuentra aproximadamente a 40000 años luz del núcleo de la Vía Láctea. Es una estrella mediana, de color amarillo y con una temperatura superficial de unos 5500 °C. Está compuesto principalmente por hidrógeno y helio, aunque también presenta pequeñas cantidades de otros elementos, como oxígeno, carbono y hierro.

Ya sabes que la Tierra gira alrededor del Sol. Pero, ¿el Sol se mueve?

El Sol realiza un **movimiento de rotación,** en sentido contrario al de las agujas del reloj, que dura aproximadamente 28 días. Su masa es de 2×10^{30} kg, lo que supone casi el 99 % de la masa total del sistema solar. La materia que forma el Sol se distribuye en distintas capas.

- Las **capas internas** contienen los materiales más pesados. En la más interna, el **núcleo,** se producen las reacciones de fusión nuclear que generan la energía.
- En las **capas externas** se localizan los materiales más ligeros. La más externa de todas es la que nosotros vemos; se denomina **fotosfera** y desde ella el Sol irradia energía en forma de luz y calor.

3.2. Composición del sistema solar

El sistema solar está formado por una serie de cuerpos celestes que giran alrededor de su estrella, el Sol. Dependiendo de su tamaño, composición y de la órbita que describan, reciben distintos nombres.

Planetas enanos: cuerpos rocosos que se trasladan alrededor del Sol, en órbitas que están ocupadas por otros cuerpos.

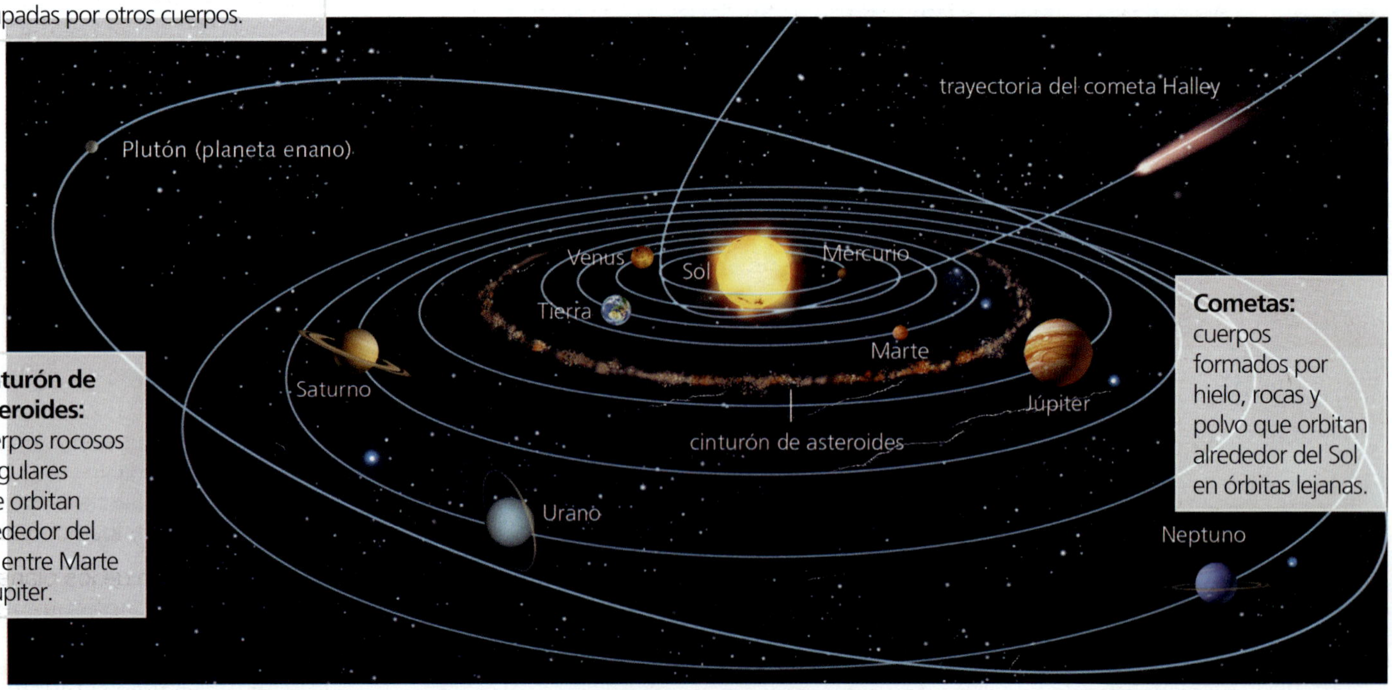

Cinturón de asteroides: cuerpos rocosos irregulares que orbitan alrededor del Sol entre Marte y Júpiter.

Cometas: cuerpos formados por hielo, rocas y polvo que orbitan alrededor del Sol en órbitas lejanas.

Planetas: cuerpos rocosos que se trasladan alrededor del Sol, en órbitas que no están ocupadas por otros cuerpos. Según su cercanía al Sol se clasifican en **planetas interiores o rocosos** (Mercurio, Venus, Tierra y Marte) y **planetas exteriores o gaseosos** (Júpiter, Saturno, Urano y Neptuno).

Satélites: cuerpos rocosos que orbitan alrededor de los planetas.

3.3. Movimientos de los planetas

Todos los cuerpos del universo se mueven continuamente. Los planetas del sistema solar realizan dos tipos de movimientos: de traslación y de rotación.

La **traslación** es el movimiento que realizan los planetas alrededor del Sol. El periodo de tiempo que tarda un planeta en dar una vuelta completa alrededor del Sol se denomina **año.**

Las órbitas de los planetas del sistema solar son elípticas y están aproximadamente en el mismo plano. Los planetas se desplazan en ellas en sentido antihorario[1].

[1]**sentido antihorario:** contrario al de las agujas del reloj.

Movimiento de traslación.

16 ¿Qué planetas tardarán más tiempo en completar una vuelta alrededor del Sol, los interiores o los exteriores?

La **rotación** es el movimiento de un cuerpo sobre sí mismo, alrededor de un eje imaginario. El tiempo que emplea un planeta en dar una vuelta completa se llama **día.**

Salvo Urano, que rota sobre un eje horizontal, el resto de planetas gira sobre un eje más o menos perpendicular al plano de traslación. Igual que la traslación, la rotación de la mayoría de los planetas se realiza en sentido antihorario.

Ejes de rotación de los planetas.

17 ¿Qué planetas realizan un movimiento de rotación en sentido contrario a su movimiento de traslación?

18 Las siguientes afirmaciones son falsas. Explica por qué.

a) La Tierra gira alrededor del Sol en sentido contrario al de su rotación.

b) La traslación es el movimiento de los planetas alrededor de la Vía Láctea.

c) La Vía Láctea es la galaxia más cercana al sistema solar.

Ideas claras

- El sistema solar se encuentra en el brazo de Orión en la Vía Láctea.
- Está formado por una estrella, el Sol, y el conjunto de cuerpos que orbitan a su alrededor. Entre estos cuerpos se encuentran los planetas, los planetas enanos, los satélites y los cometas.
- La traslación de los planetas es el movimiento que realizan alrededor del Sol.
- La rotación es el movimiento de los planetas sobre sí mismos, alrededor de un eje imaginario.

- El sistema solar está formado por ocho planetas: Mercurio, Venus, Tierra, Marte, Júpiter, Saturno, Urano y Neptuno.

4. LOS PLANETAS DEL SISTEMA SOLAR

¿En qué dirías que se diferencia la Tierra de Venus? ¿En cuál de los dos planetas crees que el día es más largo?

Los planetas interiores y exteriores se diferencian entre sí por su distancia al Sol, los periodos de sus movimientos y el tamaño o el número de satélites que presentan.

La siguiente tabla recoge algunas características de los planetas del sistema solar:

Planeta	Distancia al Sol [1]	Periodo de traslación [2]	Periodo de rotación [2]	Diámetro ecuatorial [3]	Número de satélites
Mercurio	0,39	88 días	59 días	4880	0
Venus	0,72	224,7 días	243 días	12104	0
Tierra	1	365,26 días	23 h 56 min	12756	1
Marte	1,52	687 días	24 h 37 min	6787	2
Júpiter	5,2	11,86 años	9 h 50 min	142800	63
Saturno	9,54	29,46 años	10 h 14 min	120000	61
Urano	19,2	84,01 años	17 h 14 min	51800	27
Neptuno	30,1	164,8 años	16 h 7 min	49500	13

(1) Distancia media en UA (2) Según los valores terrestres (3) Valores medios en km

4.1. Planetas interiores

Los **planetas interiores** son de pequeño tamaño, tienen una atmósfera poco espesa o inexistente y poseen una superficie rocosa.

Mercurio

Debe su nombre al mensajero de los dioses romanos.

No presenta atmósfera y, por ello, su temperatura media varía mucho según esté iluminado o no (–170 °C de noche y 425 °C de día).

No contiene agua.

Su masa es 0,055 veces la de la Tierra. En este planeta pesaríamos 0,37 veces nuestro peso en la Tierra.

Venus

Debe su nombre a la diosa romana del amor y la belleza.

Tiene una atmósfera muy densa que genera un fuerte efecto invernadero. Su temperatura media es de 480 °C.

Podría tener vapor de agua.

Su masa es 0,815 veces la de la Tierra, y nuestro peso sería 0,88 veces menor.

Tierra

Debe su nombre a Tellus o Terra, diosa romana de la Tierra.

La atmósfera terrestre presenta gases de efecto invernadero que permiten mantener la temperatura media en unos 15 °C.

Es el único planeta del sistema solar donde se puede encontrar agua en los tres estados, y también el único donde se ha hallado vida.

Su masa es $6 \cdot 10^{24}$ kg.

Marte

Debe su nombre al dios romano de la guerra.

Aunque parece ser que su atmósfera fue más compacta en el pasado, actualmente es bastante ligera. Su temperatura media es de –63 °C.

Presenta hielo en los polos.

Su masa es 0,108 veces la de la Tierra, y nuestro peso en este planeta sería 0,38 veces menor.

4.2. Planetas exteriores

Los **planetas exteriores** son de gran tamaño y tienen una atmósfera gaseosa espesa. Están rodeados de anillos y su superficie se halla en estado gaseoso o líquido.

Júpiter	Saturno

Debe su nombre al dios supremo romano. Su atmósfera presenta nubes y tempestades gaseosas que le proporcionan sus características manchas. Su temperatura media es de –120 °C. Tiene un anillo tenue formado por partículas de polvo. Su masa es 317,9 veces la de la Tierra, y nuestro peso en este planeta sería 2,64 veces mayor.	Debe su nombre al dios romano de la agricultura. Su atmósfera está formada por hidrógeno y algo de helio y metano. Es el planeta menos denso del sistema solar (podría flotar en el agua). Su temperatura media es de –125 °C. Presenta unos anillos muy característicos formados por hielo, rocas y polvo. Su masa es 95,2 veces la de la Tierra, y en él pesaríamos 1,15 veces más.

Urano	Neptuno
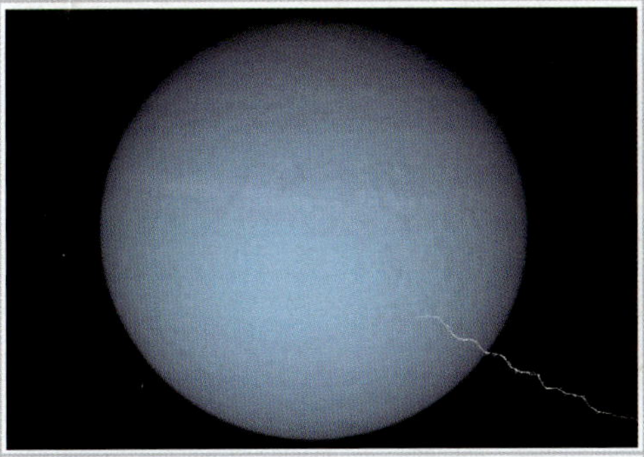	
Debe su nombre al dios romano del cielo. La atmósfera de Urano posee hidrógeno y metano. Este último gas refleja los tonos azules y verdes que dan al planeta su color característico. Su temperatura media es de –210 °C. A su alrededor tiene once anillos. Tiene una masa 14,6 veces mayor que la Tierra, y nuestro peso en él sería 1,17 veces mayor.	Debe su nombre al dios romano de los mares. Su atmósfera está formada por hidrógeno, helio, vapor de agua y metano, que le da un color azul. Presenta tempestades, como Júpiter, y su temperatura media es de –200 °C. Lo rodean cuatro anillos delgados y tenues formados por partículas de polvo. Su masa es 17,2 veces la de la Tierra, y en él pesaríamos 1,18 veces más.

19 ¿Qué planeta del sistema solar tiene más características en común con la Tierra? Razona tu respuesta.

20 ¿Cuánto pesará una persona en cada planeta del sistema solar si pesa 50 kg en la Tierra?

21 Busca información sobre los cuatro grandes satélites de Júpiter y elabora una tabla con los datos más interesantes.

Ideas claras

- Los planetas interiores, Mercurio, Venus, la Tierra y Marte, son de pequeño tamaño, su superficie es rocosa y tienen pocos satélites.
- Los planetas exteriores, Júpiter, Saturno, Urano y Neptuno, son de gran tamaño, su superficie es gaseosa y tienen anillos y muchos satélites.

▮ Todos los cuerpos del universo se encuentran en continuo movimiento: se mueven alrededor de un cuerpo mayor (movimiento de traslación) y giran sobre sí mismos (movimiento de rotación).

5. LOS MOVIMIENTOS DE LA TIERRA

La Tierra, como el resto de planetas del sistema solar, se mueve alrededor del Sol y también sobre su propio eje.

5.1. Traslación de la Tierra

La Tierra se desplaza alrededor del Sol describiendo una órbita elíptica. En completar su **movimiento de traslación** emplea 365 días, 5 horas y 49 minutos.

El Sol no se sitúa en el centro de la elipse, por lo que la distancia de la Tierra al Sol varía a lo largo del desplazamiento.

- La **distancia máxima** es de unos 152 millones de km, y se alcanza en el verano en el hemisferio norte.
- La **distancia mínima** se observa cuando la Tierra se encuentra a unos 147 millones de km del Sol, en nuestro invierno.

Debido a que la Tierra tarda en completar su traslación algo más de 365 días (casi un cuarto de día más), cada cuatro años añadimos un día al mes de febrero. Cuando esto sucede decimos que es un **año bisiesto.**

El movimiento de traslación de nuestro planeta tiene ciertas características que permiten que las condiciones de luz y temperatura sean idóneas para que haya vida.

La Tierra se encuentra **inclinada** 23,5° con respecto a la perpendicular al plano de la eclíptica. Mientras se traslada, la Tierra mantiene su inclinación.

La Tierra se desplaza alrededor del Sol siguiendo un plano, llamado **plano de la eclíptica.**

Debido a que la Tierra es **casi esférica,** los rayos de Sol no inciden con el mismo ángulo sobre todos los puntos del planeta.

Este ángulo varía dependiendo de la posición de la Tierra con respecto al Sol.

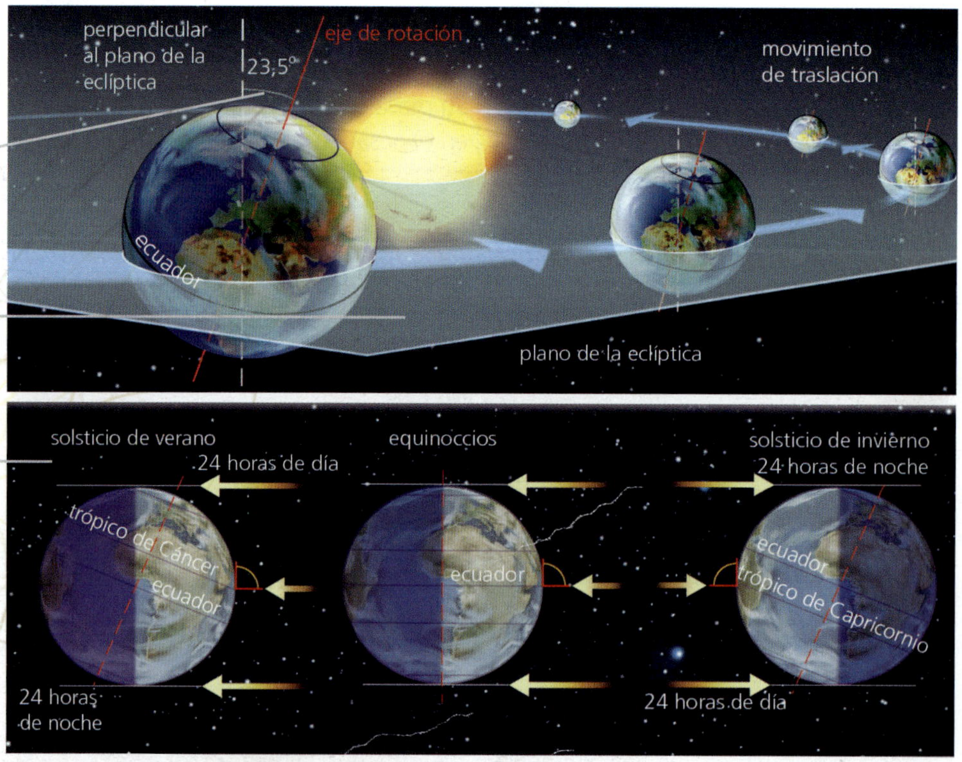

Inclinación del eje terrestre y movimiento de traslación.

22 ¿Por qué es necesario que existan años bisiestos?

23 Razona dónde será más alta la temperatura: en un punto del globo terráqueo en el que la luz del Sol incida perpendicularmente o en un punto en el que incida de forma inclinada.

24 Si la Tierra se mueve, ¿por qué no lo notamos?

5.1.1. Las estaciones del año

Las características del movimiento de traslación descritas anteriormente determinan que la cantidad de luz solar y su intensidad varíen a lo largo del año en un mismo punto de la Tierra. Estas variaciones generan la sucesión de las **estaciones del año.**

¿Por qué hace más frío en invierno que en verano?

En verano, los rayos solares inciden perpendicularmente sobre el trópico de Cáncer en el hemisferio norte, y sobre el trópico de Capricornio en el hemisferio sur.

Debido a la inclinación del eje imaginario terrestre sobre el plano de la eclíptica, mientras en un hemisferio el ángulo de incidencia solar es recto, en el otro los rayos inciden de forma oblicua. Por ello, cuando en un hemisferio es verano, en el otro es invierno.

En las estaciones de primavera y otoño, los rayos solares inciden perpendicularmente sobre el ecuador terrestre.

El paso de una estación a la siguiente viene marcado por la duración del día y la noche. Así, el día que marca el comienzo del verano es el más largo del año, y la noche es la más corta. En cambio, el inicio del invierno coincide con la noche más larga. Estos días en los que la diferencia entre la noche y el día es mayor se denominan **solsticios.**

El día y la noche que marcan del comienzo de la primavera y el otoño duran lo mismo y se denominan **equinoccios.**

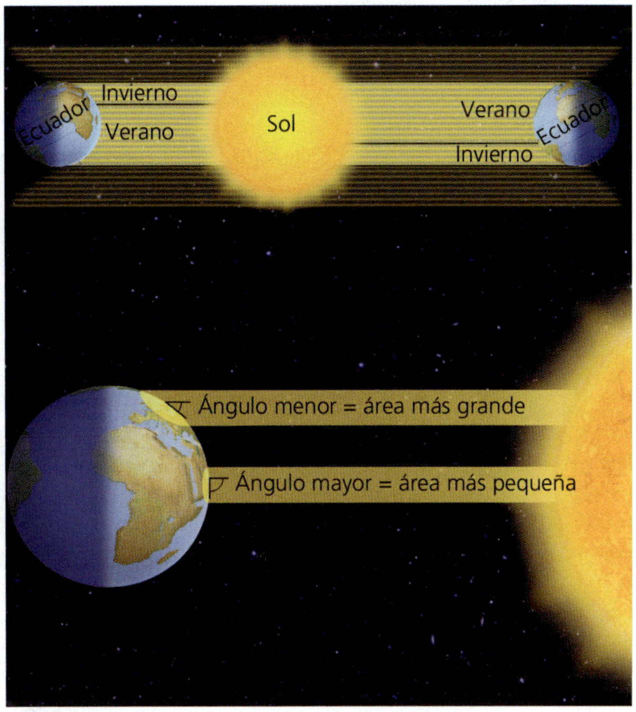

Incidencia de los rayos del Sol sobre la Tierra.

25 Cuando es verano en España estamos más lejos del Sol. Entonces, ¿por qué hace más calor?

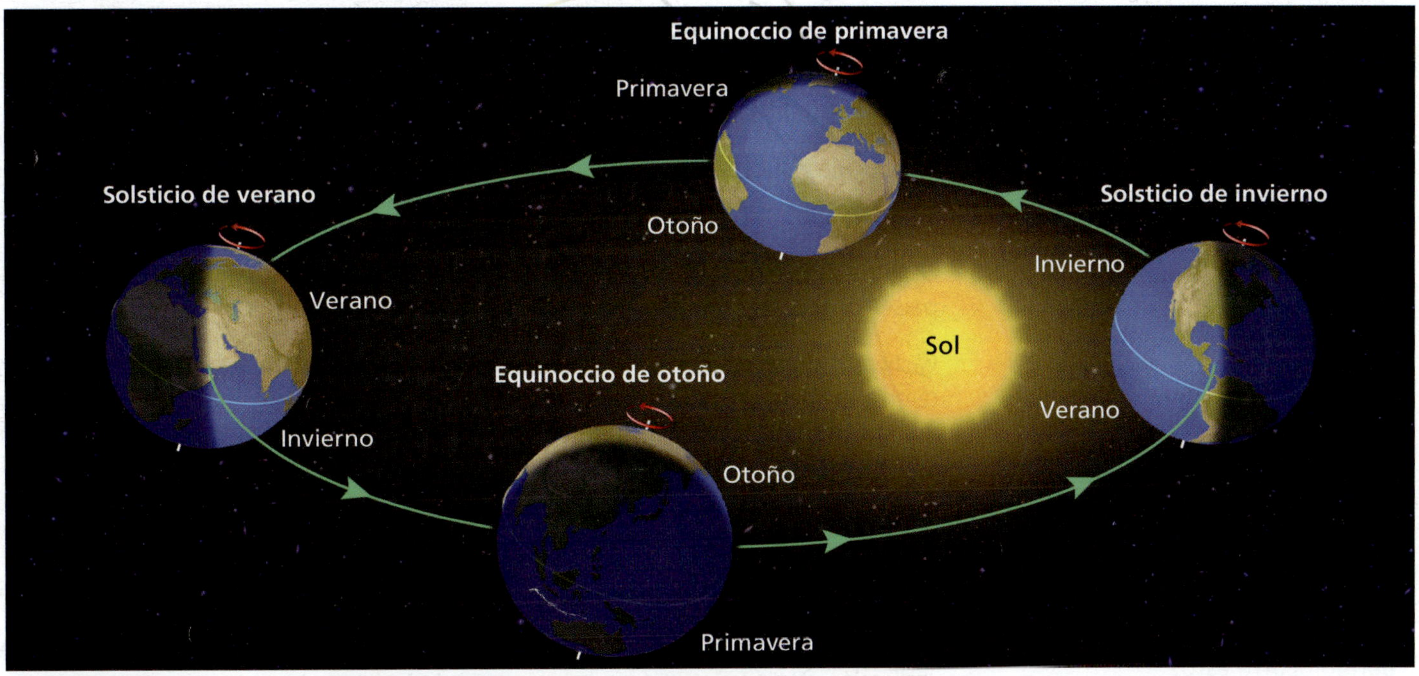

Estaciones del año.

26 Observa la imagen y razona: ¿es correcto afirmar que las estaciones se deben al movimiento de traslación terrestre?

27 ¿Qué nombre reciben en el hemisferio norte los días: 21 de junio, 23 de septiembre, 21 de diciembre y 21 de marzo? ¿Qué ocurre en esos días en cada hemisferio?

5.2. Rotación de la Tierra

La Tierra tarda 23 horas y 56 minutos en completar un giro alrededor de su eje. Este **movimiento de rotación** origina la sucesión del **día** y la **noche.**

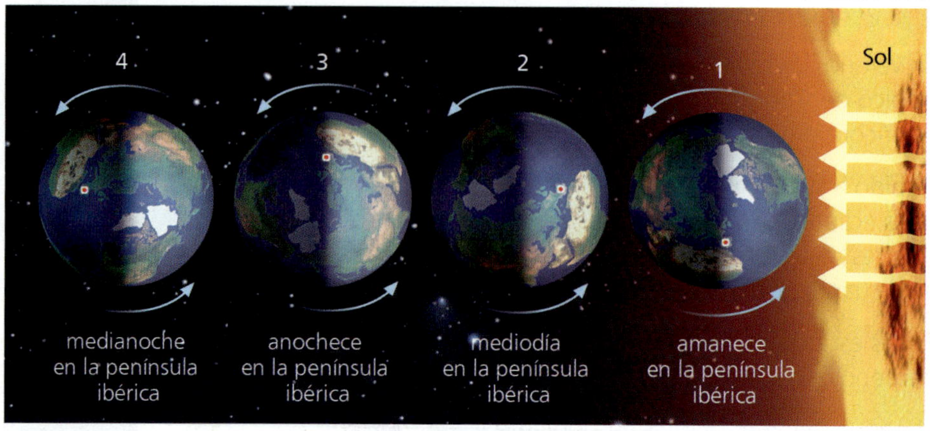

Rotación de la Tierra.

28 La imagen muestra el movimiento de rotación terrestre de Oeste a Este. Observa y explica con tus palabras por qué el Sol parece girar sobre la Tierra de Este a Oeste.

5.2.1. Zonas horarias

¿A qué se debe la diferencia horaria entre las distintas zonas de la Tierra?

Debido a que la Tierra es una esfera, no todas las zonas reciben la luz del Sol en el mismo momento. Por ello, las horas del día varían de unos continentes a otros, e incluso entre países de un mismo continente o entre ciudades de un mismo país.

Para unificar los horarios, en el siglo XIX la Tierra se dividió en 24 meridianos, líneas imaginarias que pasan por los dos polos describiendo semicírculos. Cada región comprendida entre dos meridianos se denominó **huso horario.** De esta manera, todos los países o ciudades pertenecientes a un mismo huso horario tendrían la misma hora. Más tarde, los husos se modificaron para ajustarlos a las fronteras de países o regiones. Por ello los límites de los husos horarios son tan irregulares.

Partiendo del **meridiano de Greenwich (0°),** se suma una hora por cada huso en dirección hacia el este y se resta una hora en dirección hacia el oeste. El día comienza en el meridiano 180° Este y termina en el 180° Oeste.

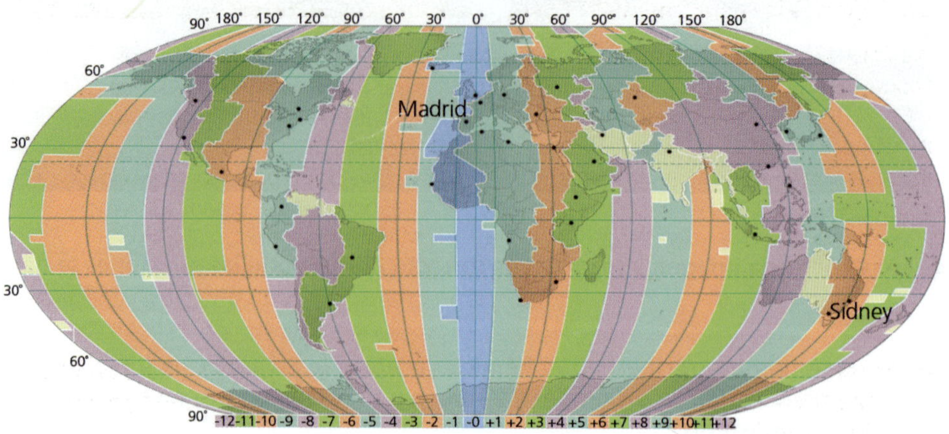

Husos horarios.

29 ¿Dirías que existe alguna relación entre la duración de un día y la existencia de años bisiestos?

30 Investiga si en algún lugar de la Tierra la noche o el día duran 24 horas. ¿Dónde y cuándo ocurre esto?

31 Si el Sol sale por el Este, ¿qué hora es en Madrid cuando son las 00:00 en Sídney?

32 ¿Dónde hay más horas de luz en verano, en España o en Inglaterra? ¿Y en invierno? Razona tus respuestas.

5.3. Importancia de los movimientos terrestres para los seres vivos

Los movimientos terrestres originan la sucesión de los días y las noches, así como las estaciones del año. Como hemos estudiado, la cantidad de horas de sol (día) y de oscuridad (noche) varía en función de la estación y del hemisferio en los que nos encontremos. Estas variaciones se acompañan de cambios en la temperatura media de una región a lo largo de un año.

Los seres vivos son capaces de detectar todas estas variaciones, que influyen en su comportamiento y los obligan a **adaptarse.**

Algunos ejemplos de adaptación son los siguientes:

Muchos árboles **pierden las hojas** en otoño, cuando perciben la disminución de horas de luz. Igualmente, las hojas nuevas brotan en primavera, coincidiendo con el incremento de horas de luz.

La **floración y la formación de frutos** también dependen de las temperaturas y de las horas de luz y oscuridad.
No todas las plantas llevan a cabo estos procesos en las mismas estaciones.

Los animales también son sensibles a las consecuencias de los movimientos terrestres. Por ejemplo, las **épocas de celo y apareamiento** de muchos de ellos comienzan cuando los días se acortan y bajan las temperaturas. Así, el nacimiento de las crías ocurrirá en la estación del año idónea para alimentarlas.

Otro ejemplo de adaptación en los animales son las **migraciones,** que algunas aves realizan en determinadas épocas del año.
La mayoría de las poblaciones de cigüeña blanca, por ejemplo, pasan el invierno en África, en la zona subsahariana, y viajan a Europa durante el verano.

33 Si sembramos en idénticas condiciones una misma especie de árbol en España y en Uruguay, ¿florecerán en la misma estación del año? ¿Y en el mismo mes?

Ideas claras

- La Tierra tarda 365 días, 5 horas y 49 minutos en completar una vuelta alrededor del Sol.
- El movimiento de traslación y la inclinación del eje de la Tierra dan lugar a las estaciones del año.
- La Tierra tarda 23 horas y 56 minutos en completar una vuelta sobre sí misma.
- El movimiento de rotación genera la sucesión del día y la noche.

La Luna es el único satélite natural de la Tierra.

6. EL SISTEMA SOL-TIERRA-LUNA

La **Luna** es un satélite que probablemente se formó cuando un hipotético planeta, llamado Theia, chocó con la Tierra hace unos 4 500 millones de años, arrancándole un trozo que quedó orbitando a su alrededor, retenido por la fuerza de gravedad.

Tiene un radio medio de 1 738 km. La distancia media entre la Luna y la Tierra es de 384 400 km, aunque cada año se aleja de nuestro planeta cerca de 4 cm.

Traslación de la Luna.

34 El plano de traslación de la Luna presenta una inclinación de 5,15° con respecto al plano de la eclíptica. Observando la imagen, ¿dirías que siempre que hay luna llena el Sol, la Tierra y la Luna están alineados?

Como el resto de cuerpos celestes, realiza movimientos de traslación y de rotación. En su movimiento de traslación alrededor de la Tierra, emplea 27,32 días terrestres. Es el mismo tiempo que tarda en completar un giro sobre su eje. Es decir, un día lunar dura lo mismo que un año lunar. Por ello, la cara de la Luna visible desde la Tierra es siempre la misma.

6.1. Las fases de la Luna

¿Sabes por qué vemos la Luna con diferentes aspectos, si no cambia de tamaño?

La Luna no posee luz propia, sino que refleja la que emite el Sol. De ahí que, desde la Tierra y dependiendo de la posición que ocupe en cada momento de la órbita lunar, veamos cada vez una zona distinta de la cara iluminada.

Se denominan **fases lunares** las diferentes imágenes que podemos observar de la Luna cuando se mueve alrededor de la Tierra. Estas fases son: luna nueva, cuarto creciente, luna llena y cuarto menguante.

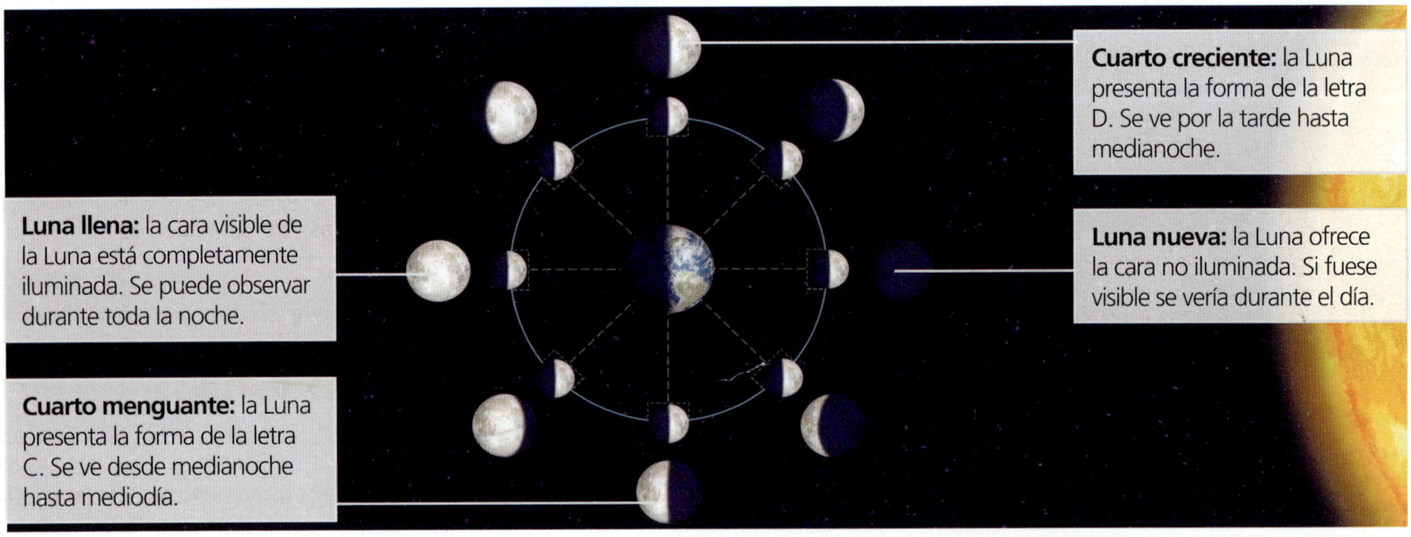

Fases lunares.

35 ¿Qué fases lunares pueden ser contempladas durante el día? Indica cuándo podemos ver cada una de ellas.

36 Si viésemos la Tierra desde la Luna, ¿crees que veríamos «fases de la Tierra»? Justifica tu respuesta.

La repetición de las fases lunares es lo que se conoce como **mes lunar.**

Un mes lunar dura unos 29 días. Existen, por tanto, 12 meses lunares.

Para ajustar los días al calendario, al igual que sucede con los años bisiestos, cada cierto tiempo hay un año lunar de 13 lunas.

6.2. Los eclipses

Se produce un **eclipse** cuando un astro se interpone entre otros dos, impidiendo que uno de ellos pueda ser visto desde el otro.

En el sistema formado por el Sol, la Tierra y la Luna, los eclipses ocurren cuando los tres astros se sitúan alineados. Según la porción del Sol y de la Luna que se oculte, los eclipses pueden ser **totales** o **parciales.**

En el **eclipse de Luna,** la Tierra se interpone entre la Luna y el Sol.

En el **eclipse de Sol,** la Luna se interpone entre la Tierra y el Sol. Aunque la Luna es mucho más pequeña que el Sol, la distancia que separa a ambos de la Tierra hace que aparentemente sus tamaños sean parecidos.

Tipos de eclipses.

Por término medio, la cantidad mínima de eclipses en un año es de cuatro: dos eclipses de Sol y dos de Luna.

6.3. Las mareas

Las **mareas** son variaciones del nivel del mar que se repiten de forma periódica debido a la atracción gravitatoria que la Luna ejerce sobre la Tierra.

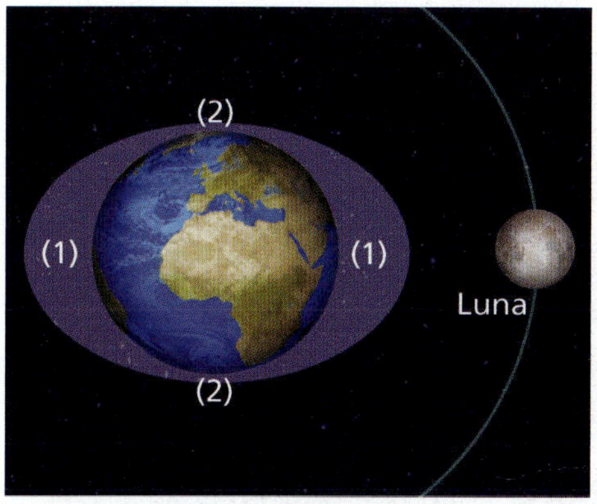

Cuando sube el nivel del mar se producen las **mareas altas** o **pleamar** (1). Suelen darse en la cara de la Tierra orientada a la Luna y en la cara opuesta.
Cuando baja el nivel del mar se generan las **mareas bajas** o **bajamar** (2), que se dan en las zonas intermedias entre las dos anteriores.

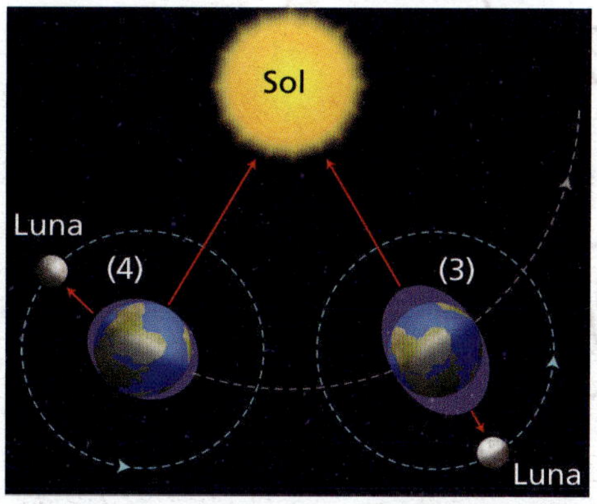

Cuando la Luna, la Tierra y el Sol están alineados, las mareas altas y las mareas bajas son mayores y se denominan **mareas vivas** (3).
Por el contrario, cuando la Luna y el Sol forman un ángulo de 90° respecto a la Tierra, las atracciones se contrarrestan y producen mareas menos intensas, llamadas **mareas muertas** (4).

37 ¿Por qué no puede haber un eclipse de Sol o de Luna en las fases de cuarto creciente y cuarto menguante?

38 ¿Qué diferencias hay entre las mareas vivas y las mareas muertas?

39 ¿Con qué fases lunares coinciden las mareas vivas y las mareas muertas?

Ideas claras

- Las fases de la Luna son las imágenes que nos muestra la Luna en su movimiento de traslación, según la iluminación que reciba del Sol.
- Los eclipses son ocultaciones de algún cuerpo celeste cuando tres astros están alineados.
- Las mareas son cambios periódicos en el nivel del mar debidos principalmente a la atracción de la Luna.

El universo

40 Si hacemos una fotografía de exposición larga a un cielo sin contaminación lumínica podemos observar que las estrellas parecen formar círculos de colores diferentes. ¿Podrías dar una explicación a este hecho?

41 Ana y Carlos acaban de estudiar cómo es la estructura del sistema solar, pero cada uno sitúa a la Tierra en un lugar diferente. Ana la ubica en el centro, y sobre ella giran el Sol y los planetas. Carlos la coloca girando alrededor del Sol. Realiza los dibujos que debieron realizar Ana y Carlos.

42 En la antigüedad, dos teorías principales trataron de explicar la disposición en el espacio de los cuerpos que conforman el sistema solar. ¿Qué nombre recibe cada teoría? ¿Qué propone cada una de ellas?

Nuestra galaxia

43 ¿De qué factor depende el brillo de una estrella? ¿Y su color?

44 Transforma en millones de kilómetros las distancias entre el Sol y los planetas del sistema solar recogidas en la tabla de la página 34.

45 Si miramos al cielo con un telescopio y observamos un cúmulo abierto y otro globular, ¿cuál piensas que brillará más? Razona tu respuesta.

46 Cuando observamos el cielo nocturno es posible ver tanto estrellas de la Vía Láctea como planetas del sistema solar. ¿Cómo podemos diferenciar a simple vista las estrellas y los planetas en el cielo?

47 Busca información sobre las constelaciones que se pueden observar este mes en el cielo de tu localidad. Dibuja una de ellas e indica a qué distancia de la Tierra se encuentran sus estrellas principales.

El sistema solar

48 Indica en tu cuaderno si las siguientes afirmaciones son verdaderas o falsas y corrige las falsas.

a) Los planetas son cuerpos rocosos que se trasladan alrededor del Sol en órbitas ocupadas por otros cuerpos.
b) El cinturón de asteroides se encuentra entre las órbitas de Júpiter y Saturno.
c) Los cometas orbitan alrededor del Sol.
d) La galaxia de Andrómeda forma parte del sistema solar.

49 Busca información sobre los meteoritos y las estrellas fugaces, y redacta en tu cuaderno qué son, de dónde proceden y qué diferencias hay entre ellos.

Los planetas del sistema solar

50 Relaciona cada planeta del sistema solar con alguna de las siguientes características:

a) Es el planeta exterior con menor número de satélites.
b) Es el planeta con menor densidad.
c) No presenta atmósfera.
d) Es el segundo planeta con menor diámetro ecuatorial.
e) Su día dura aproximadamente 17 horas.
f) Su diámetro ecuatorial es muy parecido al de la Tierra.
g) Posee solo un satélite.
h) Es el mayor de los planetas del sistema solar.

51 En un documental sobre astronomía, un experto en la materia contó que la fuerza de la gravedad con la que cada astro atrae a un cuerpo que se sitúa en su superficie depende proporcionalmente de la masa del cuerpo y de la masa del astro.

¿Podrías deducir en qué planeta del sistema solar podríamos saltar con mayor facilidad y en cuál con menos? Justifica tu respuesta.

52 Busca información y elabora una hipótesis que explique por qué los planetas exteriores presentan un mayor número de satélites que los interiores.

Los movimientos de la Tierra

53 ¿En qué fechas dura lo mismo en España el día que la noche?

54 En el mundial de fútbol de Sudáfrica en 2010, muchos periodistas que se encontraban allí comentaban el frío que hacía, a pesar de que estaban en los meses de junio y julio. ¿Por qué hacía tanto frío en Sudáfrica?

55 Observando la longitud de la sombra de un mismo árbol en diferentes momentos del día o del año te darás cuenta de que no siempre es la misma.

a) ¿Por qué puede suceder esto?
b) ¿En qué estación del año la longitud de la sombra será mayor?
c) ¿Cuándo será la sombra más corta: al amanecer, al mediodía o al atardecer?
d) ¿Cuándo señalará la sombra hacia el norte?

56 Busca información sobre la hora a la que salió el Sol y la hora a la que se puso en los solsticios y los equinoccios del año pasado en tu capital de provincia. A continuación, calcula cuántas horas duró el día y cuántas duró la noche cada uno de los días anteriores. ¿Qué conclusiones extraes al analizar los resultados obtenidos?

El sistema Sol-Tierra-Luna

57 ¿Por qué la cara de la Luna que vemos desde la Tierra es siempre la misma?

58 Dibuja un eclipse de Sol y otro de un eclipse de Luna, e indica dónde se encuentran el Sol, la Tierra y la Luna en cada uno de ellos.

59 Si la Luna se mueve alrededor de la Tierra a una velocidad de 3700 km/h, ¿cuántos kilómetros recorre en su movimiento de traslación?

60 Completa la siguiente tabla en tu cuaderno con las fases lunares. Indica qué tipo de eclipse y qué tipo de mareas (muertas o vivas) pueden darse en cada una de las fases.

Fases lunares	Eclipses	Mareas
...	...	...

61 Sabiendo que las mareas dependen de la alineación Sol-Tierra-Luna y de la cercanía de los tres cuerpos, responde razonadamente a la siguiente pregunta: ¿cuándo piensas que se produce una pleamar de mayor altura, en las mareas vivas del solsticio de verano o en las mareas vivas del solsticio de invierno?

62 Busca información y explica por qué en el eclipse de Luna nuestro satélite aparece de color rojizo.

63 Investiga acerca de los eclipses anulares y responde a las siguientes preguntas:

a) ¿Ocurren en los eclipses de Sol, en los eclipses de Luna, o en ambos casos?

b) ¿Por qué se llaman eclipses anulares?

c) Realiza un dibujo de un eclipse anular.

LEE Y COMPRENDE LA CIENCIA

El origen de la Luna

No está claro cómo acabó la Luna en órbita de la Tierra. Pudo ser que al pasar cerca de nuestro planeta, la atracción gravitatoria lo convirtió en satélite; tal vez se formaron a la vez en el Sistema Solar primitivo, o quizás es el resultado de una colisión entre la proto-Tierra y otro gigantesco objeto cuyos restos, tras el choque, se agregaron formando la Luna. La última teoría es la más aceptada según unos científicos alemanes que han analizado rocas que trajeron los astronautas del programa Apollo en las que se distinguen restos químicos de algo diferente de la Tierra, que debió ser ese gran objeto coprotagonista del impacto.

Alicia Rivera
El País, junio 2014

a) ¿De qué habla el texto?

b) ¿Qué significa el término *proto-Tierra?*

c) ¿Cómo crees que se originó la Luna?

d) ¿Qué descubrimientos recientes apoyan tu respuesta anterior?

e) La Luna es el único satélite natural de la Tierra, pero existen satélites artificiales. Investiga sobre ellos y explica su origen y utilidad.

TÉCNICAS DE ESTUDIO

Puedes grabar tu resumen y escucharlo tantas veces como quieras para repasar

- Elabora tu propio resumen a partir de los recuadros *Ideas claras* que aparecen en la unidad. También puedes añadir otros contenidos que consideres importantes.
- Copia el siguiente esquema en tu cuaderno y añade los elementos necesarios para construir un mapa conceptual de la unidad.

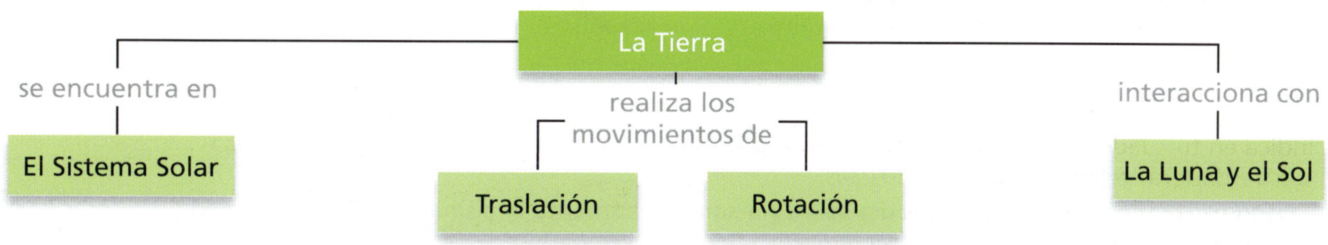

- Crea tu propio glosario científico. Para ello, define los términos siguientes: eclipse, eclíptica, equinoccio, estrella, galaxia, gravedad, marea, movimiento de rotación, movimiento de traslación, nebulosa y solsticio. Puedes completar tu glosario con otros términos que consideres adecuados.

Construcción de un reloj de sol

Los antiguos egipcios ya utilizaban relojes solares para medir el tiempo 1 500 años antes de Cristo. En esta práctica vas a construir un reloj de sol. Además, aprenderás cómo se utiliza y en qué se basa su funcionamiento.

El reloj solar nos va a ayudar a:

- Orientarnos con la ayuda del Sol y la sombra.
- Diferenciar la dirección y la longitud de la sombra según la hora del día.

Procedimiento

1. Coloca la cartulina o el papel sobre el tablero.
2. Pon el clavo o la varilla centrado en un extremo largo del tablero.
3. Utiliza el nivel para colocar el tablero sobre una superficie plana sobre la que incida el sol (figura 1).
4. Con la ayuda de la brújula, coloca el tablero en dirección norte, de forma que la varilla quede hacia el sur.

   En caso de no tener brújula, observa la sombra cuando el sol esté en lo más alto (mediodía solar); esta nos indicará aproximadamente el norte. Debes tener en cuenta que el mediodía solar en invierno son las 13:00 y en verano las 14:00.
5. Dibuja en la cartulina o en el papel líneas que indiquen los puntos cardinales (figura 2).
6. Ve marcando la sombra que se proyecta a cada hora (figura 3).

Materiales

- Brújula.
- Tablero de madera de 100 × 60 cm.
- Clavo o varilla de 20 cm de alto.
- Martillo o pegamento.
- Papel o cartulina.
- Nivel.

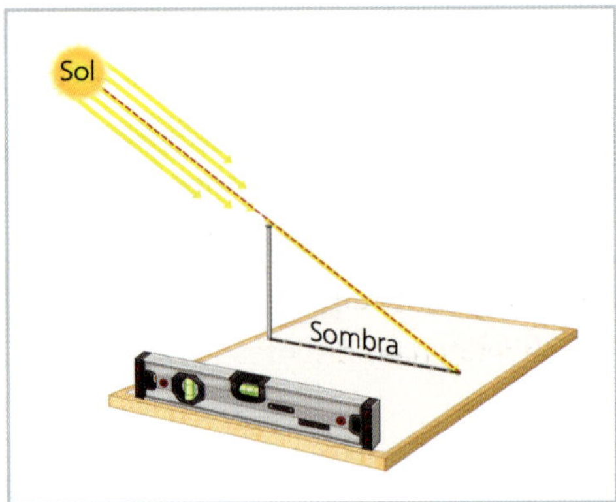

Figura 1.

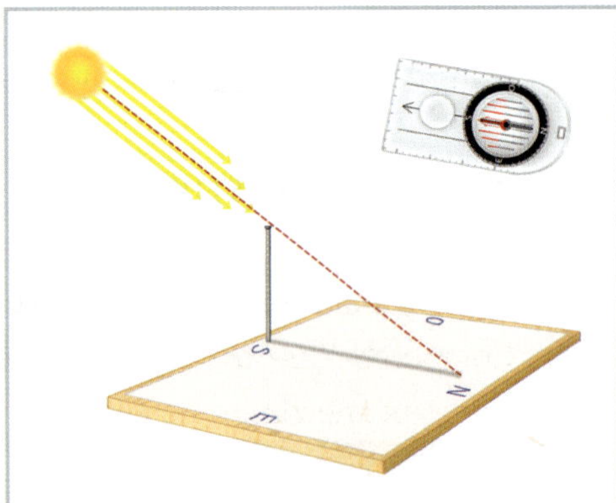

Figura 2.

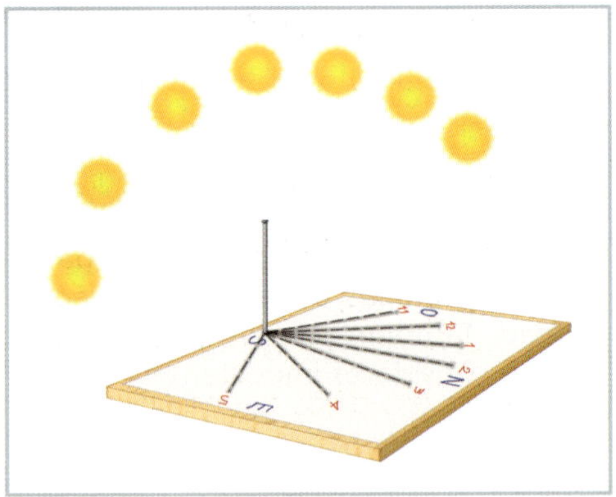

Figura 3.

1. ¿A qué hora es más corta la sombra?
2. Desde el amanecer hasta el mediodía solar, ¿la sombra aumenta o disminuye? Desde el mediodía solar hasta el atardecer, ¿la sombra aumenta o disminuye?
3. ¿Qué ángulo forman las sombras de dos horas consecutivas?
4. ¿Hacia qué punto cardinal señala la sombra del amanecer? ¿Hacia qué punto cardinal señala al sombra al atardecer?
5. Según las respuestas a la pregunta 4, ¿desde qué punto cardinal a qué otro se mueve aparentemente el Sol?

TAREA DE INVESTIGACIÓN

Duración de los días

En esta tarea te proponemos investigar sobre las diferencias en el número de horas de luz en diferentes épocas del año en diferentes lugares del mundo, así como sobre su relación con la latitud. Deberás recoger los resultados de tus investigaciones en un póster.

1. Investiga

a) ¿En qué latitud se encuentran la capital de tu provincia y las ciudades de Oslo, Quito y Sídney, respectivamente?

b) ¿Qué día es el que más horas de luz tiene en cada localidad? ¿Y el que menos?

c) ¿En qué épocas del año hay más diferencia entre el número de horas del día y de la noche? ¿En qué épocas se parecen más?

d) ¿Qué ocurre con la duración del día y la noche en una misma fecha al aumentar la latitud? ¿Qué ocurre en latitudes parecidas de diferentes hemisferios?

e) ¿Qué ocurrirá en el Polo Norte en el solsticio de invierno? ¿Y en el solsticio de verano? ¿Qué ocurrirá en el Polo Sur?

f) ¿Podrías predecir aproximadamente cuántas horas de sol tendremos en tu ciudad los días 1, 11 y 22 de este mes?

2. Elabora

Para presentar los resultados de tus investigaciones, tendrás que diseñar un póster. Para ello:

- Ordena la información antes de seleccionar los contenidos principales y piensa bien los datos que vas a incluir en el póster.
- Realiza un esquema para ordenar la información antes de realizar el póster. Puedes revisar las partes de un póster en la UNIDAD 1.
- Redacta la información de cada apartado y selecciona las imágenes adecuadas. Incluye las tablas y gráficas que has elaborado.
- Intenta que el póster sea atractivo y que la información esté clara. No uses los mismos tonos para la letra y el fondo del póster.
- No olvides citar la bibliografía utilizada.

Pautas de resolución

Para realizar la investigación debes seguir una serie de pasos:

Búsqueda de información

- Localiza en un mapamundi las ciudades estudiadas. Anota su latitud y el hemisferio en el que se localizan.
- Busca en Internet las horas de salida y puesta del sol en estas localidades. Toma como referencia los días 1, 11 y 22 de cada mes.

Organización de los datos

- Realiza una tabla con las horas de salida y puesta del sol en cada ciudad y elabora una gráfica para ver cómo varían las horas de luz en cada una.
- Responde por escrito a las preguntas planteadas en el apartado *Investiga.*

Verificación y comprobación

- Verifica tus respuestas. Confirma que los datos que recoges coinciden con los contenidos de la unidad.
- No te fíes de una sola fuente de información. Comprueba que las respuestas que das se repiten en distintas fuentes.
- Comprueba si has respondido a todas las cuestiones planteadas.

AUTOEVALUACIÓN

- Evalúa tu trabajo respondiendo también a estas cuestiones:
  1. ¿Has podido resolver todas las cuestiones del apartado *Investiga*?
  2. ¿Ha sido fácil encontrar las horas de salida y puesta del sol en las distintas ciudades?
  3. ¿Has incluido en el póster toda la información solicitada?
  4. ¿Qué puntuación, del 1 al 5, darías a tu póster?

3 LA GEOSFERA

EN ESTA UNIDAD VAS A APRENDER A...

- Conocer el origen de la Tierra.
- Diferenciar las capas de la Tierra y describir las características de los materiales que las forman.
- Identificar minerales y conocer sus propiedades.
- Identificar y clasificar rocas.
- Valorar la importancia de los minerales y las rocas para el ser humano y de gestionar estos recursos de forma sostenible.
- Realizar una tarea de investigación.

bg1e0301

CONTENIDOS DE LA UNIDAD

1. La Tierra: origen y composición

Julio Verne, en su novela *Viaje al centro de la Tierra,* explicaba cómo era el interior terrestre.

- *¿Piensas que realmente podríamos viajar al centro de la Tierra? ¿Por qué?*

2. Los minerales

Los minerales son muy utilizados en joyería como piedras preciosas, después de ser tallados y pulidos.

- *¿Sabes qué características de estos minerales hacen que sean tan apreciados?*

3. Las rocas

Paseando por el campo podemos observar distintos tipos de rocas.

- *¿Cuántos tipos de rocas conoces?*

4. Utilidad de las rocas

La construcción es uno de los usos principales de las rocas.

- *¿Se te ocurre alguna otra utilidad que puedan tener las rocas para el ser humano?*

5. Extracción de minerales y rocas

La minería a cielo abierto es más rentable que la minería subterránea.

- *¿Cuál de las dos crees que tiene mayor impacto sobre el medio ambiente?*

Tarea de investigación

Los «efectos secundarios» de los minerales

Los minerales son muy útiles para el ser humano. Muchas veces, el beneficio económico que se obtiene de ellos se antepone al gran impacto medioambiental y social que conlleva su explotación.

La extracción de minerales en los países en vías de desarrollo está estrechamente ligada al contrabando, a las malas condiciones laborales, a la explotación infantil y a la financiación de conflictos bélicos. Uno de los más preciados es el ***coltán,*** *que se utiliza en la fabricación de productos electrónicos, como los teléfonos móviles. Te proponemos investigar sobre este mineral y realizar una presentación de diapositivas.*

- *¿Qué importancia consideras que tiene el uso responsable y la gestión sostenible de los recursos minerales?*
- *¿Cómo puedes contribuir a evitar los problemas derivados de la extracción de minerales?*

- La Tierra es un planeta rocoso.
- La densidad es la cantidad de materia que hay en un determinado volumen.
- La gravedad es la fuerza con la que los astros se atraen. Cuanto mayor es su masa, mayor es su gravedad.

1. LA TIERRA: ORIGEN Y COMPOSICIÓN

La Tierra es el tercer planeta más cercano al Sol. Se caracteriza por ser el único del sistema solar en el que es posible encontrar agua en los tres estados y en el que se ha desarrollado la vida.

En la Tierra se pueden diferenciar cuatro componentes: la **geosfera** o parte sólida; la **atmósfera** o capa gaseosa que la envuelve; la **hidrosfera,** que contiene el agua en los tres estados, y la **biosfera,** donde se desarrolla la vida.

Ahora que ya sabes cómo se formó el universo según la teoría del Big Bang, ¿se te ocurre cómo se pudo formar la Tierra?

Formación del sistema solar.

1.1. El origen de la Tierra

Según los últimos estudios, hace unos 4600 millones de años, en una nebulosa, ocurrieron reacciones químicas que dieron lugar al Sol. Alrededor de este Sol primitivo se formaron «remolinos» de materiales, que chocaron entre sí originando cuerpos más grandes, llamados planetesimales. Este proceso se denomina **acreción de planetesimales** y dio origen a los planetas.

Al principio, la Tierra era una masa de materia ardiente. Durante más de 1 000 millones de años hubo en ella una gran actividad volcánica, a causa del calor almacenado en su interior.

Conforme el calor se fue disipando, la gravedad terrestre hizo que los materiales que la formaban se distribuyeran según su densidad. Así, los más densos, como el hierro, se quedaron en el interior, y los menos densos, como el oxígeno, en las capas más superficiales (diferenciación por densidades). Al enfriarse, la Tierra mantuvo esa estructura en capas.

1.2. Estudio del interior de la Tierra

La Tierra es un planeta con un radio ecuatorial de unos 6370 km, pero solo tenemos conocimiento directo de la parte más superficial, hasta los 8-12 km de profundidad, gracias a las minas o los sondeos[1].

Para conocer la composición interna de la Tierra es necesario emplear métodos indirectos. El más utilizado es el estudio de los terremotos o **método sísmico,** que se basa en el análisis de la energía liberada por los terremotos.

Igual que al lanzar una piedra al agua se producen ondas que se transmiten a toda la superficie, cuando tiene lugar un terremoto, el movimiento genera ondas en el interior de la Tierra, denominadas **ondas sísmicas.** Estas ondas pueden ser detectadas por unos aparatos llamados **sismógrafos,** lo que permite comprobar que la velocidad de las ondas sísmicas varía al pasar de una capa a otra.

El estudio de los datos que proporcionan los sismógrafos ha permitido deducir la composición de las diferentes zonas del interior terrestre. A partir de esta información, ha sido posible elaborar un modelo del interior terrestre, que se encuentra dividido en tres capas: corteza, manto y núcleo.

[1]**sondeo:** perforación que se realiza en el suelo para estudiar las rocas del interior terrestre.

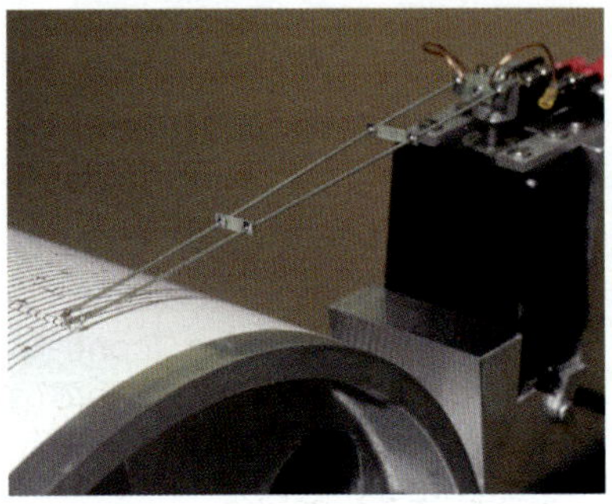
Sismógrafo.

1.3. Las capas de la geosfera

La parte sólida de la Tierra se estructura en diferentes capas, separadas por unas zonas denominadas **discontinuidades.** En cada una de estas zonas tiene lugar un cambio de velocidad de las ondas sísmicas, y esto permite identificar los límites de cada capa.

1.3.1. La corteza

Es la fina capa que recubre la superficie terrestre y la menos densa. La corteza puede ser de dos tipos:

- **Corteza continental.** Tiene más de 1 000 millones de años y entre 10 y 70 km de espesor. Forma parte de los continentes, las islas y la plataforma continental, que es la superficie del fondo marino más cercana a la costa. Está compuesta por rocas como el granito, la arcilla y la pizarra.
- **Corteza oceánica.** No supera los 200 millones de años y tiene entre 6 y 10 km de espesor. Constituye los fondos oceánicos y en ella abundan rocas como el basalto.

1.3.2. El manto

Es una capa de densidad variable y está formado, principalmente, por un tipo de rocas llamadas peridotitas. Se divide en dos partes:

- **Manto superior.** De mayor densidad que la corteza, es sólido, aunque en algunas zonas se halla parcialmente fundido.
- **Manto inferior.** Es la capa más densa del manto terrestre, contiene materiales en estado sólido.

1.3.3. El núcleo

Es la capa más interna y densa de la geosfera. Está formado, principalmente, por hierro, aunque también contiene otros metales, como el níquel. Se divide también en dos zonas:

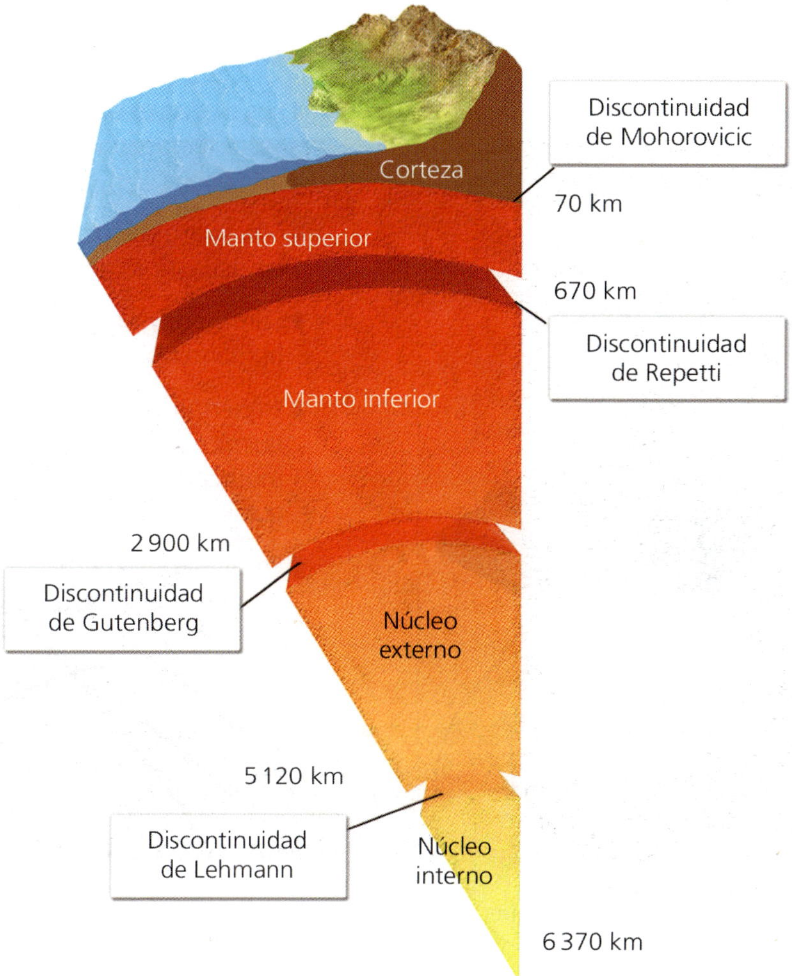

Capas de la gesofera y discontinuidades que las separan.

- **Núcleo externo.** Con una densidad intermedia entre la del manto inferior y la del núcleo interno, está formado por material fundido en continuo movimiento.
- **Núcleo interno.** En él se encuentran los materiales más densos, es la capa con mayor temperatura. Aun así, estos materiales se encuentran en estado sólido, debido a la fuerte presión a la que están sometidos.

1. Define con tus palabras el concepto de acreción de planetesimales.
2. Elabora un dibujo esquemático de la estructura interna de la Tierra. Nombra sus capas, las discontinuidades y la profundidad a la que se encuentra cada una de ellas.
3. Investiga sobre la densidad media que presentan las diferentes capas de la geosfera. Después, escribe el nombre de las capas, ordenadas de menor a mayor densidad, y señala el valor de cada una.

Ideas claras

- La Tierra se originó a partir de la acreción de planetesimales y los materiales que la forman se dispusieron en capas según sus densidades.
- En la geosfera se distinguen tres capas: corteza (continental y oceánica), manto (superior e inferior) y núcleo (externo e interno).

- Los minerales son los materiales que forman las rocas.

2. LOS MINERALES

Los minerales y las rocas forman parte de la corteza terrestre. Desde la antigüedad, el ser humano ha utilizado los minerales que extraía de la Tierra.

¿Cómo puedes diferenciar un mineral de una roca?

Los **minerales** son sustancias sólidas, inorgánicas, de origen natural, con una composición química definida y, generalmente, con una estructura cristalina.

Para entender mejor la definición de mineral, podemos analizar su descripción:

- Los minerales son **sustancias sólidas,** es decir, no pueden ser líquidos ni gaseosos a temperatura ambiente. Por eso el mercurio, por ejemplo, no se considera un mineral.
- Son **inorgánicos,** es decir, no los han producido los seres vivos, a diferencia de las perlas, los caparazones o el ámbar.
- Son de **origen natural,** lo que significa que no han sido fabricados por el ser humano, como el vidrio o el plástico.
- Tienen una **composición química definida,** están formados por elementos químicos que se combinan siempre en la misma proporción para constituir el mismo mineral. La galena, por ejemplo, es un mineral formado por dos elementos químicos: azufre y plomo.
- Presentan **estructura cristalina,** lo que significa que sus partículas se ordenan formando una estructura geométrica que se repite constantemente. Por ejemplo, los átomos de la galena se ordenan siguiendo la estructura de un cubo.

  Si esta ordenación de las partículas del mineral se distingue a simple vista, decimos que es un **cristal.** Para que un cristal se forme son necesarios tiempo y espacio suficientes. En un cristal se aprecian las aristas, las caras planas y los vértices de la forma poliédrica.

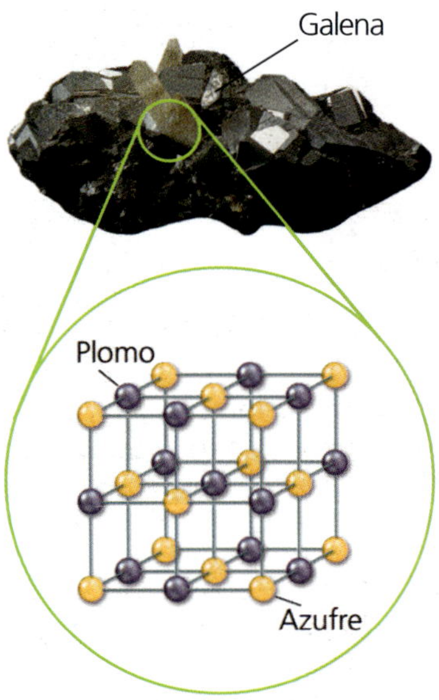

Estructura cristalina de los minerales.

4 Observando la imagen superior, ¿se podría decir que la galena es un cristal?

Cristalización de los minerales.

5 Las imágenes muestran dos cuarzos rosas. ¿Cuál se ha formado con más espacio y tiempo? Justifica tu respuesta.

6 ¿Qué características presentan todos los minerales?

7 En los laboratorios se ha conseguido fabricar diamantes. ¿Pueden considerarse minerales? Razona tu respuesta.

8 ¿Es el agua un mineral?

9 Busca y escribe en tu cuaderno la definición de mineraloide. ¿Es el vidrio de una ventana un mineral o un mineraloide? ¿Por qué?

10 ¿Por qué el ámbar no es un mineral? Indica de dónde procede.

2.1. Propiedades físicas de los minerales

¿Cómo se pueden distinguir unos minerales de otros?

En la naturaleza existen más de 4 000 minerales diferentes conocidos. El estudio de sus propiedades físicas nos permite diferenciar algunos de ellos sin necesidad de analizar su composición química.

Las propiedades físicas se pueden clasificar en ópticas, mecánicas y magnéticas.

2.1.1. Propiedades ópticas

Las propiedades ópticas de los minerales están relacionadas con la respuesta del mineral a la luz.

- **Hábito.** Algunos minerales presentan formas características, que reflejan su estructura cristalina. Por ejemplo, la pirita tiene formas cúbicas y el aragonito, hexagonales.

Pirita.

Aragonito.

- **Color.** Algunos minerales tienen un color característico. Es el caso de la galena, de color gris plomo, o del azufre, amarillo. En cambio, otros pueden presentar diferentes colores, como ocurre con el cuarzo de estas imágenes.

Cuarzo azul.

Cuarzo transparente.

Cuarzo rosa.

Azufre.

- **Raya.** Es el color del polvo del mineral cuando es rayado. El color de la raya no tiene por qué coincidir con el del mineral, pero siempre es el mismo para ese mineral. Por ejemplo, sea cual sea el color del cuarzo, su raya siempre es blanca.

Galena y su raya.

- **Brillo.** Nos indica cómo es el aspecto de la superficie del mineral cuando refleja la luz. Puede ser metálico, si brilla como los metales; vítreo, si es parecido al vidrio; nacarado, semejante al nácar; adamantino, como el diamante; o mate, si no tiene brillo.

Metálico: magnetita.

Vítreo: fluorita.

Nacarado: yeso.

Adamantino: rutilo.

Mate: limonita.

11 ¿Qué diferencia hay entre el color y la raya de un mineral?

2.1.2. Propiedades mecánicas

Las propiedades mecánicas de los minerales están relacionadas con su comportamiento frente a la aplicación de fuerzas en su superficie.

Escala de Mohs		
Dureza	**Mineral**	**Característica**
1	Talco	Se dice que son muy blandos, porque pueden ser rayados con la uña.
2	Yeso	
3	Calcita	Son minerales blandos. Se pueden rayar con la punta de un cuchillo.
4	Fluorita	
5	Apatito	
6	Ortosa	Son minerales duros. La ortosa puede ser rayada con una lija, y el cuarzo raya el vidrio.
7	Cuarzo	
8	Topacio	Son muy duros. No pueden ser rayados por casi ningún mineral.
9	Corindón	
10	Diamante	

- **Dureza.** Es la resistencia que opone un mineral a ser rayado. Para comprobar si un mineral es más duro que otro, basta con rayar uno de ellos con el otro. El que resulta rayado es más blando que aquel que lo raya. También se pueden utilizar ciertos minerales cuya dureza está cuantificada según la **escala de Mohs.**

  Esta escala va desde el 1 hasta el 10. El valor 1 señala el mineral más blando, el talco, que puede ser rayado por todos los demás. En el otro extremo, con un valor de 10, está el diamante, que puede rayar todos los minerales y no puede ser rayado más que por él mismo.

- **Exfoliación.** No todos los minerales se rompen de la misma manera. Muchos se dividen dejando a la vista superficies planas, que mantienen la forma del cristal. Esta propiedad se denomina exfoliación. La galena, por ejemplo, forma cubos, y el yeso, láminas.

- **Tenacidad.** Es la resistencia que opone un mineral a romperse. Un mineral **frágil** es aquel que se rompe con facilidad, por ejemplo, el talco.

  A algunos minerales se les puede dar forma de hilo, como ocurre con los hilos de cobre que conducen la electricidad, y se dice que tienen una tenacidad **dúctil.**

Yeso.

Cuarzo.

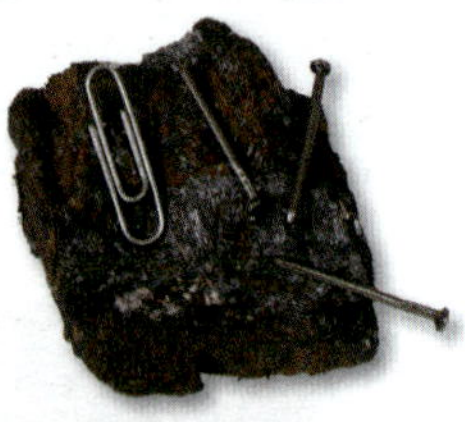

Magnetita.

Galena.

2.1.3. Propiedades magnéticas

La **magnetita** es un mineral que, de forma natural, se comporta como un imán y atrae objetos que contienen hierro o níquel.

2.1.4. Otras propiedades de los minerales

- **Diafanidad.** Es el comportamiento de un mineral al paso de la luz. Según dejen o no pasar la luz, los minerales pueden ser: **transparentes,** como el diamante, si dejan pasar la luz; **translúcidos,** como el cuarzo, cuando la luz pasa pero no se distingue una imagen a través de ellos; u **opacos,** como la galena, si no la dejan pasar.

- **Densidad.** La densidad de un mineral es la relación entre su masa y el volumen que ocupa (densidad = masa/volumen). La densidad se suele medir en gramos por centímetro cúbico (g/cm^3). Se trata de una propiedad específica de cada mineral y es independiente del tamaño del mismo. Por ello se suele utilizar el valor de la densidad como un dato importante para la identificación de minerales.

12 Si al golpear el cristal cúbico de un mineral, este se divide en otros cubos más pequeños, ¿lo que se ha producido es una fractura o una exfoliación?

13 ¿Qué es la escala de Mohs? ¿Para qué se utiliza?

14 A continuación se describe un mineral: color amarillo, brillo metálico, forma cúbica, temperatura de 22 °C, 103 g de masa, no se raya con la uña pero sí con el vidrio y su densidad es de 3 g/cm^3. ¿Qué características corresponden a las propiedades de los minerales y cuáles no?

2.2. Importancia de los minerales

El conocimiento de algunos minerales y su utilidad para obtener materias primas de todo tipo ha favorecido el desarrollo y la dominación de algunos pueblos o civilizaciones a lo largo de la historia.

¿Para qué se usan los minerales actualmente?

Los minerales se utilizan principalmente como menas de metales, como materias primas para la industria o como gemas o piedras preciosas.

2.2.1. Menas de metales

Son minerales de los que se extraen metales. Algunos de ellos se representan en la tabla del margen. Otros se obtienen de minerales nativos o nobles, es decir, que se encuentran en estado puro en la naturaleza, como el oro, la plata o el platino. Estos últimos han sido apreciados desde la antigüedad por sus llamativos colores, belleza, facilidad de moldeado y resistencia a las alteraciones.

Mena	Metal
Bauxita	Aluminio
Blenda	Cinc
Calcopirita	Cobre
Casiterita	Estaño
Cinabrio	Mercurio
Galena	Plomo
Hematites	Hierro

Principales menas de algunos metales.

2.2.2. Materias primas para la industria

Son los minerales más abundantes en la corteza terrestre. Algunos ejemplos son la **uraninita,** de la que se obtiene el uranio que se usa como combustible de las centrales nucleares; el **cuarzo,** fundamental en la producción de vidrio, componentes informáticos y placas solares, y el **yeso,** que se utiliza para fabricar escayola, alabastro, fertilizantes y explosivos.

2.2.3. Gemas o piedras preciosas

Son minerales que, por su belleza y escasez, poseen un gran valor económico. Se utilizan en joyería, normalmente tras un proceso de tallado y pulido que aumenta sus propiedades estéticas, como el brillo. Entre las gemas destacan minerales como el **diamante,** el **rubí,** el **zafiro** o la **esmeralda.**

Diamante.

Rubí.

Zafiro.

Esmeralda.

2.3. Gestión sostenible de los recursos minerales

La extracción incontrolada de minerales provoca impactos en el medio ambiente, como la contaminación del agua y del suelo por metales. También causa problemas de salud en las personas que trabajan en los yacimientos: dolores de cabeza, envenenamiento de la sangre con plomo y mercurio y problemas respiratorios.

Es conveniente hacer un uso racional de los minerales para evitar o reducir estos impactos negativos. Una buena opción es el reciclado de minerales y de utensilios fabricados con ellos, como terminales móviles y ordenadores.

15 La bauxita, el cinabrio y la blenda son menas de metales. Busca información sobre la utilidad de los metales extraídos de estos minerales.

16 Investiga sobre la dureza de las cuatro gemas de las fotografías. ¿Piensas que su valor económico está relacionado de algún modo con su dureza? Justifica tu respuesta.

Ideas claras

- Los minerales son sustancias sólidas e inorgánicas, que tienen origen natural, una composición química definida y, mayoritariamente, una estructura cristalina.
- Tienen propiedades que nos permiten diferenciar unos de otros, como la dureza, el brillo, la raya o la densidad.
- Se utilizan como menas de metales, como materias primas para la industria y como gemas o piedras preciosas.
- El uso responsable de los minerales reduce los impactos que provoca su extracción.

- Las rocas, junto con los minerales, forman parte de la corteza terrestre.

3. LAS ROCAS

Las **rocas** son agregados naturales formados por uno o varios minerales diferentes.

Las rocas, como los minerales, poseen características que permiten su identificación, por ejemplo, la composición y la textura.

- **Composición.** La composición de una roca viene definida por el conjunto de minerales que la forman. Algunas, como la caliza, poseen un solo tipo de mineral (calcita). Estas rocas se conocen como **rocas simples u homogéneas.** Otras, como el granito, están formadas por varios minerales (cuarzo, feldespato y mica), por lo que reciben el nombre de **rocas compuestas o heterogéneas.**

  Existen excepciones, como el petróleo o el carbón, que no son de origen mineral, ya que proceden de restos de animales y plantas y, por tanto, no contienen minerales.

- **Textura.** Se refiere al tamaño y a la forma en que se disponen los minerales en la roca. La textura de una roca no siempre es observable a simple vista. A veces es necesario usar una lupa, o incluso un microscopio, para identificar los minerales que la forman y su disposición.

  A simple vista, el granito, por ejemplo, aparece como una roca con manchas grises, blancas y negras. Pero si lo miramos a través de una lupa veremos que está formado por cristales de cuarzo (grisáceos), feldespato (blancos) y mica (negros).

Composición y textura del granito.

17 ¿Qué significa que una roca es homogénea o heterogénea? Escribe en tu cuaderno un ejemplo de cada tipo.

18 ¿Por qué el carbón y el petróleo son excepciones geológicas?

19 ¿De dónde procede cada tipo de roca?

¿Cómo crees que clasifican las rocas los científicos?

Aunque existen otros criterios de clasificación, como la composición, los geólogos suelen clasificar las rocas según su **origen.** Así, las rocas pueden ser ígneas o magmáticas, sedimentarias y metamórficas.

Tipos de rocas

- **Ígneas o magmáticas** → Se originan al enfriarse el magma del interior terrestre y solidificar.
- **Sedimentarias** → Se forman al consolidarse o petrificarse los sedimentos, es decir, fragmentos de otras rocas, minerales o restos orgánicos.
- **Metamórficas** → Se forman por transformaciones de otras rocas, que son sometidas a altas presiones y/o temperaturas sin llegar a fundirse.

Conglomerado.

20 El conglomerado es una roca. ¿Sabrías deducir a qué tipo pertenece? ¿Es una roca homogénea o heterogénea? Razona tus respuestas.

3.1. Rocas ígneas o magmáticas

En el manto superior existen zonas donde muchos minerales se funden debido a las altas temperaturas.

Se denomina **magma** a la sustancia formada por minerales fundidos, mezclados con gases y agua, que procede del interior terrestre.

Cuando el magma asciende hacia la superficie, puede quedarse en el interior de la corteza o salir al exterior. En ambos casos, al alejarse de la fuente de calor, se va enfriando hasta que solidifica y forma **rocas ígneas o magmáticas.**

Estas rocas están compuestas por uno o varios minerales unidos fuertemente, por lo que resultan muy compactas. Su resistencia a la presión las convierte en un material idóneo para la construcción de edificios.

Si todas las rocas ígneas proceden del magma, ¿son todas iguales?

Según dónde se formen, las rocas ígneas se clasifican en volcánicas y plutónicas.

- **Rocas ígneas volcánicas.** Llamadas también rocas **extrusivas,** se forman cuando el magma asciende y sale al exterior de la corteza terrestre en forma de lava. La lava se enfría rápidamente y origina las rocas volcánicas.

La **obsidiana** es de color negro brillante y se origina en los continentes. Está formada por una pasta vítrea, pues los minerales del magma no han tenido tiempo suficiente de ordenarse.	La **pumita** o **piedra pómez** se encuentra en los continentes. Resulta inconfundible por tener en su superficie multitud de pequeños orificios, cuyo origen son los gases que había en la lava antes de solidificarse.	El **basalto** se origina en volcanes submarinos. Contiene minerales muy pequeños, debido a su rápido enfriamiento. Es la roca más abundante de las islas Canarias y del fondo de los océanos.

- **Rocas ígneas plutónicas.** También llamadas rocas **intrusivas,** se forman cuando el magma que asciende se enfría lentamente en el interior de la corteza terrestre. Los cristales de los minerales que las forman se aprecian mejor, pues han tenido más tiempo para formarse.

El **granito** es la roca plutónica más abundante en los continentes.	La **sienita** es una roca plutónica continental.	El **gabro** es una roca plutónica de la corteza oceánica.

21 ¿Por qué se pueden distinguir cristales en los minerales que forman las rocas plutónicas y, por el contrario, no se observan en los que forman las rocas volcánicas?

3.2. Rocas sedimentarias

Las rocas que se encuentran en la superficie terrestre están sometidas a la acción del viento, el mar, los ríos, la lluvia o el hielo. Estos agentes las van desgastando en un proceso denominado **erosión,** y transportan sus fragmentos, que acaban siendo depositados en las zonas más bajas de la superficie terrestre.

- Los **sedimentos** son fragmentos de roca y materia orgánica que han sido transportados y depositados por el agua o el viento.
- Los lugares donde se depositan los sedimentos se llaman **cuencas de sedimentación.**

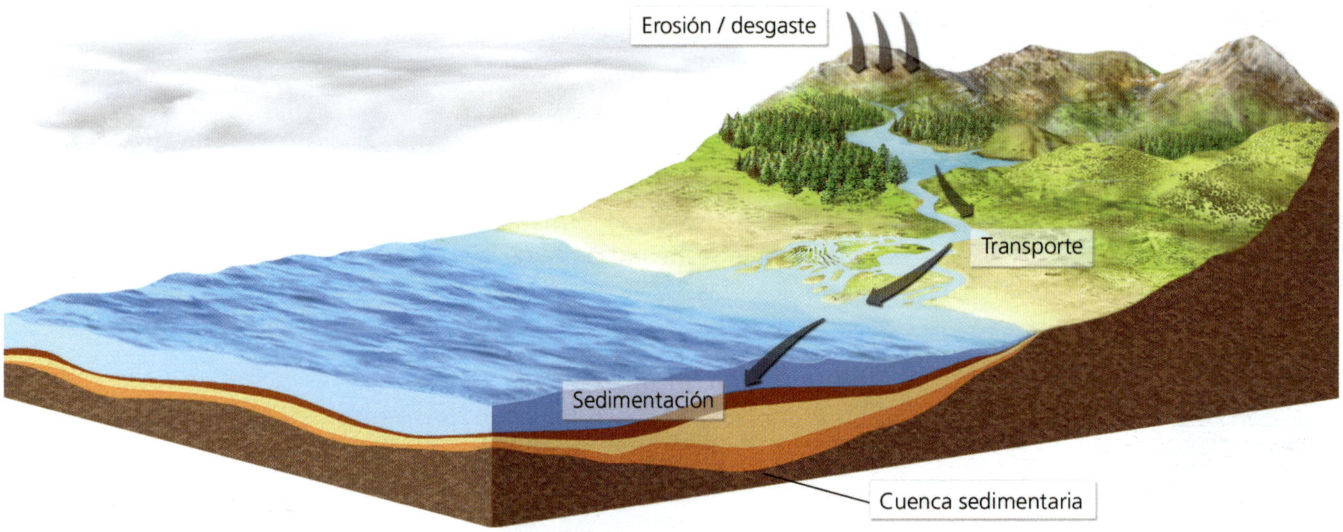

Cuencas de sedimentación: el origen de las rocas sedimentarias.

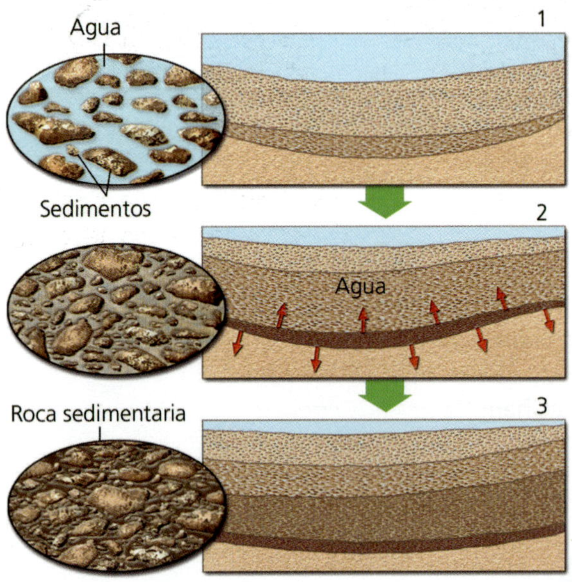

Formación de una roca sedimentaria.

¿Cómo es posible que los sedimentos se transformen en rocas?

El proceso mediante el cual los sedimentos se transforman en rocas sedimentarias recibe el nombre de **diagénesis o litificación.**

3.2.1. Formación de las rocas sedimentarias

Los sedimentos depositados en las cuencas sedimentarias (1) suelen seguir dos procesos esenciales para la formación de rocas sedimentarias: la compactación y la cementación.

- La **compactación** (2) consiste en la pérdida de volumen de los sedimentos. Debido al peso que ejercen las capas de sedimentos superiores, pierden agua y se compactan.
- La **cementación** (3) tiene lugar cuando, tras perderse el agua, muchas sales que estaban disueltas en ella forman cristales. Estos actúan como un cemento que une los sedimentos formando la roca sedimentaria.

22 En cierta cuenca sedimentaria se acumulan 2,5 cm de sedimentos cada 10 años. Suponiendo que la compactación de los sedimentos reduce su volumen en un 90 %, ¿qué espesor tendrán tras la compactación?

23 Explica por qué es importante el agua en el proceso de formación de una roca sedimentaria.

3.2.2. Clasificación de las rocas sedimentarias

Este tipo de rocas se clasifican atendiendo al origen de los sedimentos que las componen. Según este criterio, pueden ser detríticas y no detríticas.

- **Rocas sedimentarias detríticas.** Están formadas por restos de otras rocas. Dependiendo del tamaño de los fragmentos o granos que las componen, podemos distinguir varios tipos.

Los **conglomerados** presentan granos de más de 2 mm de tamaño, denominados clastos. Los clastos están unidos por granos más finos.	La **arenisca** contiene granos de un tamaño inferior a 2 mm que se pueden observar a simple vista. Posee un tacto áspero.	La **arcilla** está formada por granos muy pequeños, que solo pueden observarse con lupa o microscopio. Tiene un tacto suave.

- **Rocas sedimentarias no detríticas.** No están formadas por fragmentos de otras rocas, sino por sedimentos procedentes de esqueletos de seres vivos marinos o sales minerales. También pueden proceder de restos de seres vivos sin descomponer.

Las **calizas** pueden contener restos fósiles o estar compuestas por sales minerales. Producen efervescencia en contacto con ácidos.	El **yeso** es una roca formada por el mineral del mismo nombre. Se origina al evaporarse el agua de lagos y mares poco profundos, a partir de las sales.	El **carbón** se forma por la acumulación y descomposición de restos vegetales en ausencia de aire, a lo largo de millones de años.	El **petróleo** también resulta de la transformación de restos orgánicos. Se considera una roca, aunque su estado no es sólido sino líquido.

El carbón y el petróleo proceden de restos de seres vivos sin descomponer y tienen la capacidad de arder y producir energía, de ahí que se denominen **combustibles fósiles.** El carbón se originó a partir de restos vegetales que no pudieron descomponerse, pues estaban enterrados entre los sedimentos y la arena. El petróleo es el resultado de la transformación de restos de microorganismos marinos enterrados en el fondo de los océanos.

24 ¿Qué son los granos de una roca sedimentaria? ¿En qué tipo de rocas sedimentarias aparecen?

25 Si las calizas pueden contener restos de seres vivos, ¿por qué no son combustibles, como el carbón y el petróleo?

3.3. Rocas metamórficas

Las rocas que se encuentran a cierta profundidad en la corteza terrestre deben soportar la presión que ejercen sobre ellas las que están situadas encima. Además, si estas rocas están cerca del magma, también se ven sometidas a altas temperaturas. Las presiones y las temperaturas elevadas pueden provocar cambios en los minerales que forman una roca y originar otra nueva.

- Se denomina **metamorfismo** al conjunto de transformaciones que experimenta cualquier tipo de roca hasta dar lugar a otra diferente.
- Las rocas originadas de este modo se llaman **rocas metamórficas.**

Según su textura, las rocas metamórficas se clasifican en foliadas y no foliadas.

- **Rocas metamórficas foliadas.** Sus minerales están orientados formando láminas paralelas superpuestas. Esta disposición en láminas es fácilmente observable en muchas rocas de este tipo.

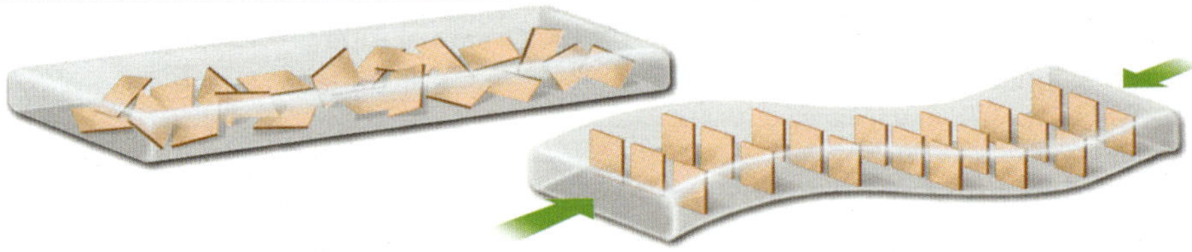

Reorientación de los minerales en una roca.

26 ¿A qué factor piensas que se debe esta reorientación: a la presión, a la temperatura o a ambos? Justifica tu respuesta.

27 ¿Qué factores son los responsables del metamorfismo?

28 ¿Qué condición se tiene que dar para que una roca se transforme en metamórfica y no en ígnea cuando es sometida a altas temperaturas?

Dentro de las rocas foliadas se distinguen, de mayor a menor grado de metamorfismo, pizarras, esquitos, gneis o migmatitas.

Las **pizarras** provienen del metamorfismo de la arcilla. Están formadas por cristales pequeños visibles al microscopio. Se rompen formando láminas.	Los **esquistos** proceden generalmente de las arcillas, tras sufrir estas un metamorfismo mayor que en el caso de las pizarras. Sus cristales se ven a simple vista.	Los **gneises** se originan a partir de rocas sedimentarias detríticas o del granito. Sus cristales son mayores que los de los esquistos y se disponen en bandas onduladas.	Las **migmatitas** son rocas intermedias entre las ígneas y las metamórficas. Proceden de un metamorfismo muy intenso que funde parcialmente la roca original.

- **Rocas metamórficas no foliadas.** Sus minerales no están orientados; las más comunes son el mármol y la cuarcita.

	El **mármol** procede del metamorfismo de las rocas calizas. La transformación de sus minerales se debe a la exposición a altas temperaturas.		La **cuarcita** procede del metamorfismo de las areniscas. Como el mármol, se originan por la exposición de la roca original a altas temperaturas.

3.4. El ciclo de las rocas

Cualquier roca existente en la naturaleza puede convertirse en otra diferente.

El **ciclo de las rocas** es el conjunto de procesos que una roca puede seguir hasta transformarse en otro tipo de roca distinto.

Estos procesos ocurren muy lentamente, por lo que una roca puede tardar millones de años en completar el ciclo.

¿Cómo puede transformarse una roca en otra diferente?

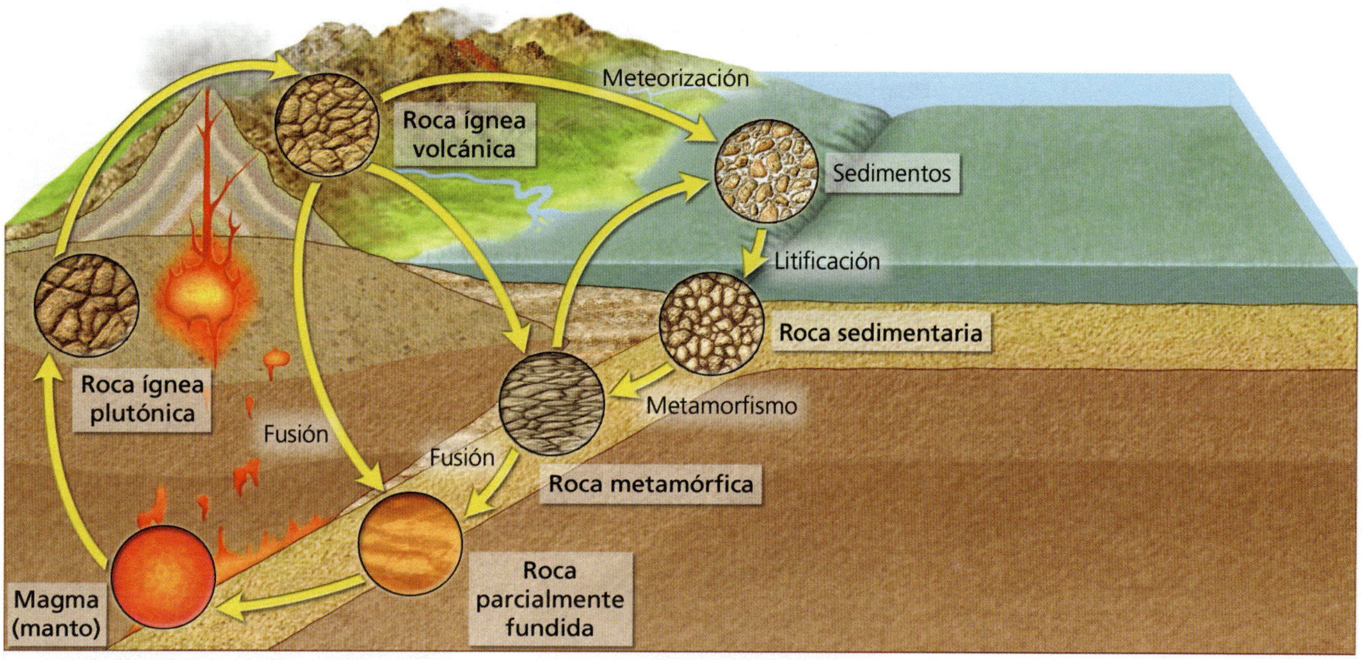

El ciclo de las rocas.

29 ¿Puede transformarse directamente una roca metamórfica en una roca ígnea?

Todas las rocas, al estar expuestas a la acción del viento y el agua, pueden sufrir procesos de erosión, transporte y sedimentación. Los sedimentos depositados en las cuencas sedimentarias experimentan el proceso de diagénesis o litificación y se transforman en **rocas sedimentarias.**

Las rocas que se encuentran a una cierta profundidad de la corteza terrestre y se ven sometidas a altas presiones y/o temperaturas originan **rocas metamórficas.** Si los minerales llegan a fundirse, se formará magma. El magma puede ascender y enfriarse en el interior terrestre, dando lugar a las **rocas ígneas plutónicas,** o puede salir al exterior y solidificarse, en cuyo caso formará **rocas ígneas volcánicas.**

30 Para que una roca se transforme en metamórfica, ¿es necesario que antes haya sido sedimentaria?

31 ¿Qué es el ciclo de las rocas?

32 ¿En qué capa de la geosfera terrestre ocurre el ciclo de las rocas? ¿Qué rocas se formarán a mayor profundidad? Razona tus respuestas.

33 Explica en qué tipos de rocas podría transformarse una roca ígnea.

Ideas claras

- Las rocas son agregados de uno o varios minerales.
- Según su origen, se clasifican en ígneas o magmáticas, sedimentarias y metamórficas.
- Los procesos mediante los que unas rocas se transforman en otras diferentes constituyen el ciclo de las rocas.

- El granito y el basalto son rocas ígneas o magmáticas.
- Las calizas, las arcillas, el carbón y el petróleo son rocas sedimentarias.
- El mármol y la pizarra son rocas metamórficas.

4. UTILIDAD DE LAS ROCAS

La evolución del ser humano desde el Paleolítico ha estado ligada al uso de las rocas para la construcción, la ornamentación, la fabricación de utensilios para la caza, etc. Hoy día siguen utilizándose en muchas de estas actividades.

Mira a tu alrededor, ¿hay objetos hechos de rocas?

Los principales usos de las rocas son la construcción, la ornamentación y la obtención de combustibles y materiales tecnológicos.

- **Materiales para la construcción.** Algunas rocas se utilizan directamente o son modificadas por la industria para utilizarlas en la construcción.

  El cemento, el hormigón, la cerámica y el vidrio son algunos de los materiales de construcción más utilizados, y todos ellos proceden de las rocas.

El **cemento** se obtiene moliendo y calentando caliza y arcilla. El producto molido se mezcla con agua para formar una masa que, al secarse, se endurece y permite unir unas rocas con otras.	El **hormigón** se fabrica mezclando cemento, agua, arena y grava. Una vez seco, es más duro y resistente que el cemento, por lo que se usa en los pilares o los cimientos.

La **cerámica** se elabora con arcilla pulverizada mezclada con agua, modelada y cocida a altas temperaturas. Se utiliza para fabricar ladrillos, tejas, baldosas o vajillas.	El **vidrio** se obtiene del cuarzo presente en la arena. La arena se introduce en un horno a alta temperatura y se funde. Una vez frío, se dan distintas formas al material fundido.

- **Rocas ornamentales.** El mármol, el granito, la pizarra y el basalto son muy utilizados en decoración. Por su belleza, una vez talladas y pulidas, estas rocas se emplean en esculturas, suelos de edificios o cualquier otro elemento de adorno tanto de interior como de exterior.
- **Fuente de combustibles fósiles.** Con este fin se emplean el carbón y el petróleo, rocas sedimentarias que proporcionan una gran cantidad de energía cuando se queman.
- **Fuente de minerales de uso tecnológico.** De las rocas ricas en cuarzo, como la cuarcita, se obtiene silicio para la fabricación de microprocesadores informáticos y paneles solares fotovoltaicos. El aluminio, que se obtiene de una roca sedimentaria llamada bauxita, se utiliza para la fabricación de múltiples objetos, como aviones, latas de refrescos o utensilios de cocina.

34 Nombra cuatro materiales de construcción procedentes de las rocas.

35 ¿De qué tipo son las principales rocas utilizadas como ornamentales?

36 ¿Qué diferencias hay entre el hormigón y el cemento?

Ideas claras

- Las rocas se utilizan como materiales de construcción, bien directamente o bien modificándolas.
- También se usan con fines ornamentales, como combustibles fósiles o como fuentes de minerales de uso tecnológico.

5. EXTRACCIÓN DE MINERALES Y ROCAS

Las rocas y los minerales se extraen en lugares concretos de la corteza terrestre llamados yacimientos.

Un **yacimiento** es un lugar donde determinadas rocas o minerales se encuentran en cantidad suficiente como para que su extracción sea económicamente rentable.

En un yacimiento, los minerales cuya extracción interesa reciben el nombre de **mena.** El resto de rocas y minerales del yacimiento se denominan **ganga.**

Para localizar un yacimiento se realizan sondeos, es decir, perforaciones con grandes taladros que permiten extraer cilindros de terreno, que luego se analizan.

Dependiendo de la profundidad a la que se encuentre un yacimiento y de su accesibilidad, la explotación puede ser superficial o subterránea.

- **Explotaciones superficiales.** Las rocas o los minerales se obtienen en la superficie o a escasa profundidad. Estas explotaciones tienen un enorme impacto en el medio ambiente. Pueden ser de varios tipos:
  - En las **minas a cielo abierto,** como las de Riotinto (Huelva), los minerales se encuentran a muy poca profundidad. Para extraerlos se realizan socavones en forma de embudo, con un contorno escalonado para poder transportarlos hasta la superficie. Estos socavones reciben el nombre de cortas.
  - En las **canteras** se extraen rocas de gran consistencia, que se cortan en bloques o losas. Un ejemplo son las canteras de mármol de Macael (Almería).
  - En las **graveras** se extrae grava[1]. Se encuentran generalmente en los cauces de grandes ríos o en sus proximidades; en la cuenca del Tajo, por ejemplo, son muy numerosas.
- **Explotaciones subterráneas.** Los minerales se encuentran a mayor profundidad y se extraen a través de **minas de interior.** Para ello se construyen conductos verticales, denominados pozos, y conductos horizontales o galerías, que se excavan a medida que se extrae el mineral.

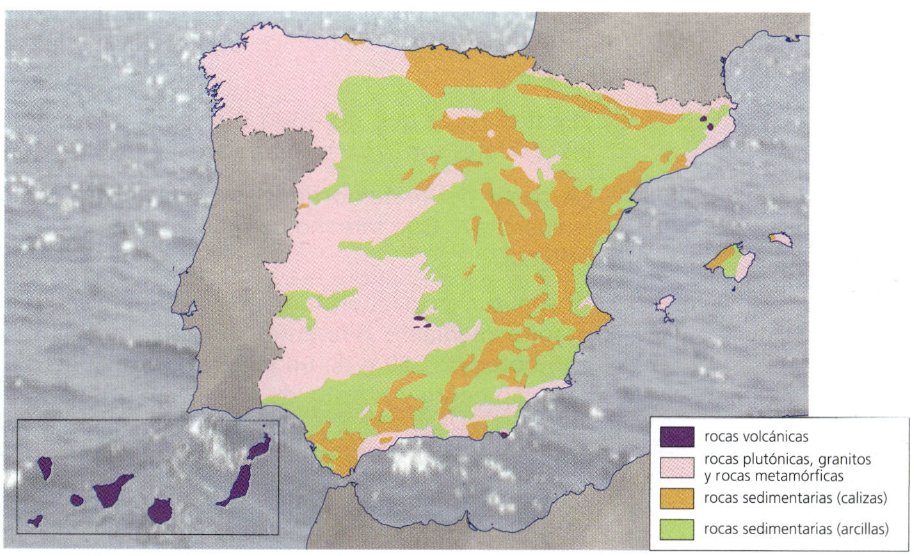

Distribución de rocas.

40 ¿Qué rocas son características de tu entorno? Busca información de los yacimientos que hay en nuestro país y qué tipo de rocas se extraen de ellos.

- Los minerales y las rocas forman parte de la corteza terrestre.
- Las rocas son agregados naturales formados por uno o varios minerales.

Extracción de rocas.

37 ¿Qué tipo de explotación superficial se muestra en la imagen?

[1]**grava:** conjunto de rocas cuyo tamaño está entre 2 y 64 mm.

38 ¿Cuál es la diferencia entre una mina subterránea y una cantera?

39 ¿Para que tipo de yacimientos se emplean las explotaciones superficiales?

Ideas claras

- Se denomina yacimiento al lugar del que se extraen minerales o rocas.
- Los yacimientos se clasifican según la profundidad en superficiales o subterráneos.

ACTIVIDADES FINALES

La Tierra: origen y composición

41 Averigua el grosor de cada capa de la Tierra y ordénalas de más gruesa a más fina.

42 Elabora una tabla comparativa entre las características de la corteza continental y las de la corteza oceánica.

43 ¿Crees que los materiales que forman la Tierra se dispusieron desde el principio según su densidad? Razona tu respuesta.

44 Indica razonadamente si las siguientes afirmaciones son verdaderas o falsas.

a) El método sísmico solo permite conocer la composición de la corteza terrestre.

b) La Tierra está formada por materiales sólidos.

c) La corteza terrestre tiene un grosor constante de 50 km.

d) En la geosfera los materiales más densos se encuentran en la superficie.

e) El manto terrestre es la parte de la geosfera situada entre la discontinuidad de Mohorovicic y la discontinuidad de Lehmann.

f) El núcleo interno es sólido porque la temperatura es menor que en el núcleo externo.

45 La siguiente gráfica muestra cómo se desplazan las ondas sísmicas P y S por el interior del planeta. ¿Qué onda sísmica se transmite a mayor velocidad? ¿Qué capas terrestres atraviesa cada onda?

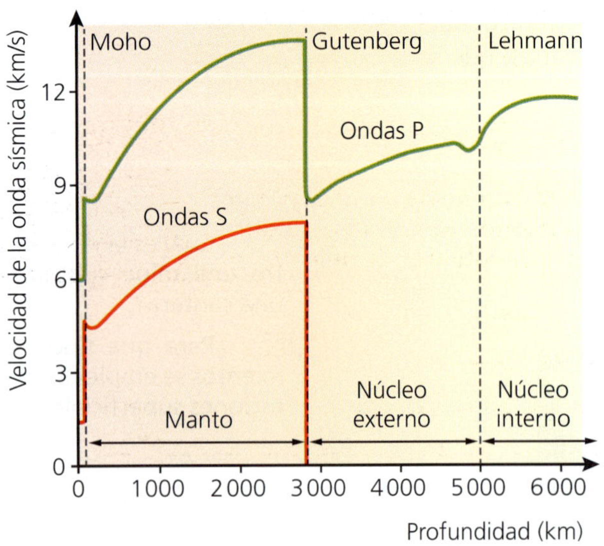

Los minerales

46 La imagen de la derecha representa una propiedad de los minerales. ¿Cuál es?

47 Explica cuatro propiedades de los minerales.

48 Explica razonadamente si son o no minerales un cubito de hielo y el coral usado en joyería.

49 Investiga, copia la tabla en tu cuaderno y completa.

Mineral	Mena
Casiterita	...
...	Plomo
Hematites	...
...	Cinc
Calcopirita	...

50 Según la escala de Mohs, ¿cuál será la dureza aproximada de un mineral que raya la ortosa y es rayado por el cuarzo?

51 ¿Cómo puedes diferenciar un cuarzo blanco de una ortosa del mismo color? Explica tu respuesta.

52 Busca información que explique por qué el color y la raya de un mismo mineral no siempre coinciden.

53 Infórmate y averigua por qué se llama vulgarmente a la pirita «el oro de los tontos».

Las rocas

54 Explica cuáles son y en qué consisten las tres características que se utilizan para identificar las rocas.

55 La piedra pómez o pumita es una roca que flota en el agua. ¿A qué crees que es debido? ¿Es una roca natural o artificial? Razona tus respuestas.

56 Copia los siguientes términos en dos columnas en tu cuaderno y después relaciónalos:

A: caliza, granito, arcilla, mármol, basalto, pizarra.

B: sedimentaria detrítica, sedimentaria no detrítica, plutónica, volcánica, metamórfica foliada, metamórfica no foliada.

57 ¿Existen rocas que no estén formadas por minerales? ¿Cuáles son? ¿De qué tipo son?

58 ¿A partir del metamorfismo de qué roca se forma la cuarcita? ¿Qué tamaño de grano presenta la roca original?

59 Al analizar en el laboratorio una muestra de 1 kg de granito mediante diferentes procesos químicos, se han obtenido 250 g de un mineral blanco, 300 g de otro casi negro y el resto, de un mineral grisáceo.

a) ¿Qué nombre recibe cada uno de los minerales que constituyen el granito?

b) ¿Qué porcentaje de la masa de la roca corresponde a cada mineral?

60 Durante una excursión con su familia, Ana encontró una roca que contenía el fósil de una planta que vivió en la Tierra hace millones de años. ¿Qué tipo de roca piensas que era? Razona tu respuesta.

Utilidad de las rocas

61 Indica de qué rocas proceden los siguientes materiales de construcción.

a) Vidrio. c) Cemento. e) Ladrillo.
b) Hormigón. d) Cal. f) Teja.

62 ¿Por qué el carbón y el petróleo reciben el nombre de combustibles fósiles?

63 Copia y completa la tabla en tu cuaderno para las siguientes rocas: petróleo, caliza, pizarra, arcilla y carbón.

Roca	Utilidad	Objeto fabricado con ella
...	...	...

64 ¿Qué es el papel de lija? ¿Tendría sentido un papel de lija que llevara adheridos pequeños fragmentos de yeso o talco? Justifica tu respuesta.

65 Busca información y haz un esquema de los procesos de fabricación del hormigón y de los ladrillos.

Extracción de minerales y rocas

66 Completa con las palabras adecuadas.

a) Las ..... son explotaciones donde se extraen rocas que se cortan en bloques.

b) Las ..... son conductos horizontales de las minas de interior.

c) Las ..... son sedimentos que se obtienen generalmente en los cauces de grandes ríos o en sus proximidades.

67 Explica el significado de *yacimiento* y *mina.*

68 Busca información sobre qué es una escombrera y qué tipo de problemas medioambientales genera.

69 Discute sobre la siguiente frase: «Los teléfonos móviles de última generación son de piedra».

LEE Y COMPRENDE LA CIENCIA

Lentos, pero seguros

En Chihuahua, México, se hallan los cristales gigantes de la cueva de Naica, unos megacristales de selenita (una variedad de yeso) que el investigador español Juan Manuel García lleva años estudiando para averiguar a qué ritmo crecen. Gracias a un microscopio especial diseñado por ingenieros japoneses, han sabido que estas formaciones crecen el equivalente de un cabello cada 100 años. Aunque su desarrollo se ha detenido en los últimos años, porque la cueva es objeto de actividades mineras y de extracción del agua subterránea que los minerales necesitan para aumentar su tamaño.

Eva van den Berg
National Geographic, noviembre 2011

a) ¿De qué habla el texto?

b) Justifica el título del texto.

c) ¿Por qué han dejado de crecer estos megacristales en los últimos años?

d) ¿Crees que el crecimiento de estas formaciones será perceptible por cualquier ser humano?

e) Investiga sobre la selenita y explica por qué el agua es fundamental para su formación.

TÉCNICAS DE ESTUDIO

Puedes grabar tu resumen y escucharlo tantas veces como quieras para repasar

- Elabora tu propio resumen a partir de los recuadros *Ideas claras* que aparecen en la unidad. También puedes añadir otros contenidos que consideres importantes.
- Copia el siguiente esquema en tu cuaderno y añade los elementos necesarios para construir un mapa conceptual de la unidad.

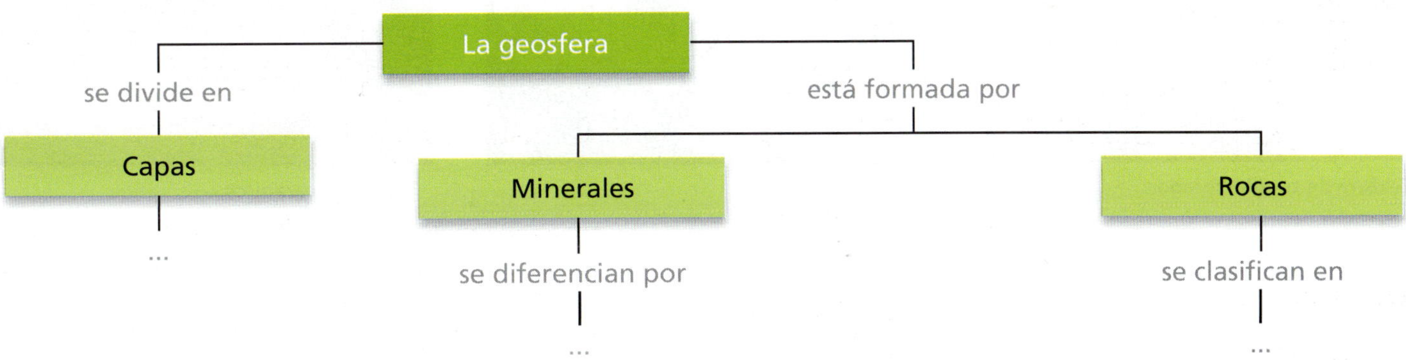

- Crea tu propio glosario científico. Para ello, define los términos siguientes: cantera, clasto, corta, cuenca sedimentaria, discontinuidad, fósil, galería, ganga, geosfera, grava, magma, mena, metamorfismo, mineral, onda sísmica, roca, sedimento y yacimiento. Puedes completar tu glosario con otros términos que consideres adecuados.

TÉCNICAS DE TRABAJO Y EXPERIMENTACIÓN

La textura de las rocas

Algunas características de las rocas nos pasan desapercibidas a simple vista. En esta práctica utilizarás una lupa binocular para comparar varias rocas y diferenciarlas según su textura.

Materiales

- Lupa binocular.
- Cinco rocas diferentes, por ejemplo: conglomerado, arenisca, basalto, granito y gneis.
- Regla.

Procedimiento

1. Sitúa las rocas, de una en una, sobre la platina de la lupa binocular. Mirando por los oculares, mueve el tornillo macrométrico hasta que veas con nitidez la roca.
2. Observa cada roca, una a una, e intenta dibujar en tu cuaderno lo que ves de cada una de ellas.
3. Coloca una regla junto a la roca para poder medir, con la ayuda de la lupa, el tamaño de los cristales o los fragmentos que la forman.
4. Vuelve a realizar un dibujo de lo observado con la lupa para cada una de las rocas.

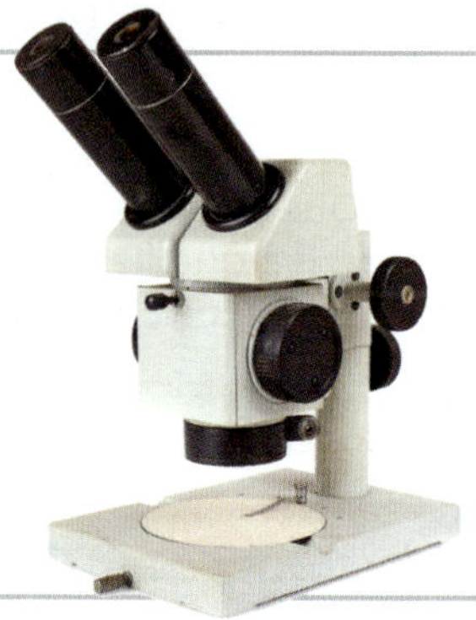

Análisis de los resultados

Para analizar los resultados y poder comparar las rocas, utiliza para cada una de ellas una tabla como la siguiente, junto a los dibujos que has hecho:

Nombre de la roca	Minerales que la forman	Tamaño de sus componentes	Tipo de roca
...	...	...	...

Textura de conglomerado.

Textura de gneis.

Textura de arenisca.

1. ¿Alguna de las rocas observadas es homogénea? ¿Cómo lo sabes?
2. ¿Qué diferencias existen entre los conglomerados y las areniscas?
3. ¿Qué tipo de rocas ígneas son el granito y el basalto? ¿Observas alguna diferencia entre sus texturas? Explícala.
4. Como resultado de esta experiencia, define con tus propias palabras los diferentes tipos de rocas (ígneas, sedimentarias y metamórficas).
5. De las rocas observadas en la práctica, ¿cuáles se han formado en el exterior de la corteza terrestre? ¿Y en el interior?

TAREA DE INVESTIGACIÓN

Los «efectos secundarios» de los minerales

El objetivo de esta tarea es investigar sobre los daños medioambientales y sociales causados por la obtención de coltán. Tendrás que mostrar la información obtenida en una presentación de diapositivas y pensar algunas medidas para contribuir a la solución de estos problemas.

1. Investiga

a) ¿Qué efectos negativos provoca la extracción de minerales en el medio ambiente?

b) ¿Qué es el coltán y para qué se utiliza?

c) ¿Dónde están las principales minas de coltán? ¿Hay alguna en España?

d) ¿Qué alternativas existen al uso de coltán en los dispositivos electrónicos?

e) ¿Por qué trabajan niños en las minas de coltán?

f) ¿Cómo afecta nuestra conducta como consumidores a la explotación infantil en las minas de coltán? ¿Cómo podemos contribuir a solucionar este problema?

2. Elabora

a) Una presentación de diapositivas.

b) Una lista de tres medidas que podéis llevar a cabo para contribuir a solucionar el problema de la gestión sostenible de los recursos minerales.

Pautas de resolución

Para realizar la investigación debes seguir una serie de pasos:

Búsqueda de información

- Busca al menos cuatro impactos de estas minas sobre el medio ambiente y sobre las personas, e indaga sobre las posibles soluciones.
- No te fíes de una sola fuente de información. Comprueba que las respuestas que das se repiten en distintas fuentes.
- Anota en la bibliografía todas las fuentes que has consultado.

Organización de la información

- Elabora una tabla con los principales impactos de las minas de coltán.
- Responde por escrito a las preguntas planteadas en el apartado *Investiga.*

Obtención de conclusiones y verificación

- Como resultado del trabajo realizado, resuelve las cuestiones iniciales de la tarea de investigación.
- Verifica tus respuestas.
- Comprueba si has respondido a todas las cuestiones.

AUTOEVALUACIÓN

- Evalúa tu trabajo respondiendo también a estas cuestiones:
  1. ¿Has podido resolver todas las cuestiones del apartado *Investiga?*
  2. ¿Has utilizado fuentes fiables para buscar la información?
  3. ¿Has comprobado que las respuestas se repiten en varias fuentes?
  4. ¿Qué puntuación, del 1 al 5, darías a tu presentación?

4 LA ATMÓSFERA

EN ESTA UNIDAD VAS A APRENDER A...

- Reconocer las características del estado gaseoso.
- Diferenciar entre la atmósfera primitiva y la actual.
- Conocer la estructura y la composición de la atmósfera.
- Valorar la importancia de la atmósfera para los seres vivos.
- Identificar el origen de los principales contaminantes atmosféricos y los problemas que ocasionan.
- Realizar una tarea de investigación.

bg1e0401

CONTENIDOS DE LA UNIDAD

1. Composición y estructura de la atmósfera

Los alpinistas que suben las montañas más altas del mundo suelen llevar botellas de oxígeno.

- *¿Por qué las llevan, si en la atmósfera ya hay oxígeno?*

2. Importancia de la atmósfera para los seres vivos

La Luna se encuentra, aproximadamente, a la misma distancia del Sol que la Tierra.

- *¿Por qué en la Luna no puede haber vida?*

3. La contaminación atmosférica

En algunas grandes ciudades, muchas personas pasean con mascarillas en la cara.

- *¿Por qué no las utilizan en el campo?*

4. El efecto invernadero

En los últimos años, la capa de hielo del mar Ártico ha ido disminuyendo.

- *¿A qué es debido?*

5. La capa de ozono

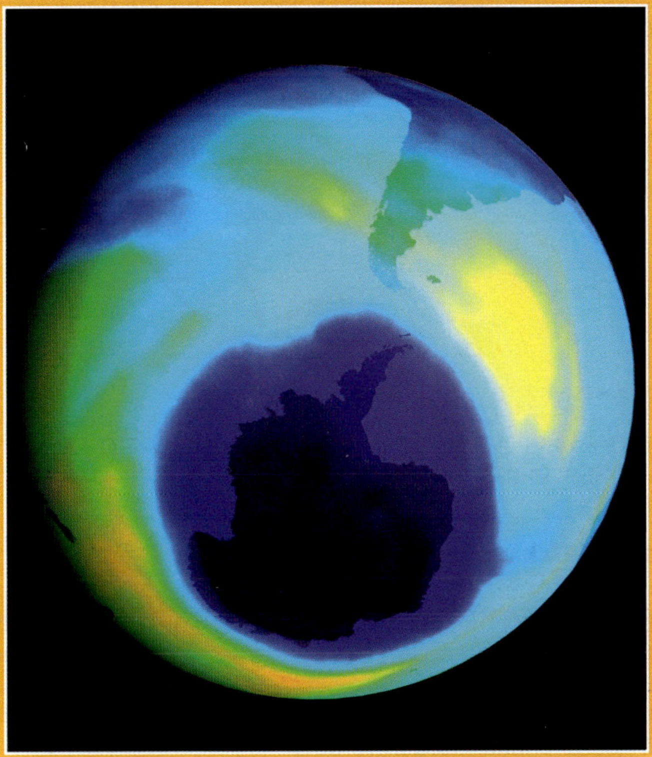

En las noticias habrás oído hablar alguna vez del agujero que hay en la capa de ozono.

- *¿Qué puede llegar a la Tierra a través de él?*

Tarea de investigación

Respirando aire contaminado

El aire puro es un lujo cada vez más difícil de disfrutar en las grandes ciudades. La contaminación del aire va en aumento, y cada vez son más habituales las enfermedades del sistema respiratorio y del sistema inmunológico.

Vamos a estudiar qué tipo de contaminantes atmosféricos encontramos en algunas capitales de provincias españolas. Para ello, buscaremos información sobre los aparatos que se utilizan para analizar la atmósfera y detectar los contaminantes que contiene. También estudiaremos las causas de las variaciones en el nivel de contaminación en cada ciudad en los últimos años y sus posibles consecuencias para la población.

- *¿Cómo influye nuestra conducta en la contaminación atmosférica de nuestra localidad?*
- *¿Serías capaz de proponer medidas para paliar las consecuencias más inmediatas de la contaminación atmosférica?*

- Atmósfera e hidrosfera son las capas fluidas de la Tierra.
- La Tierra se formó por la acreción de planetesimales y al principio su temperatura era muy elevada.

[1]**homogénea:** de composición y estructura uniformes.

1. COMPOSICIÓN Y ESTRUCTURA DE LA ATMÓSFERA

La **atmósfera** es la capa gaseosa que rodea la Tierra. Además de gases, contiene partículas sólidas en suspensión.

La atmósfera presenta un aspecto uniforme y las partículas que la constituyen no pueden distinguirse a simple vista, es decir, forman una **mezcla homogénea**[1] que llamamos aire.

¿Qué características crees que tienen los gases que no poseen los sólidos ni tampoco los líquidos?

1.1. El estado gaseoso

Toda la materia está formada por partículas que ocupan un espacio.

En el **estado gaseoso,** las partículas se mueven en todas las direcciones y ocupan todo el espacio disponible.

Por tanto, la materia en estado gaseoso presenta **masa fija, volumen variable** y **forma variable,** pues los gases adquieren la forma y el volumen del recipiente que los contiene.

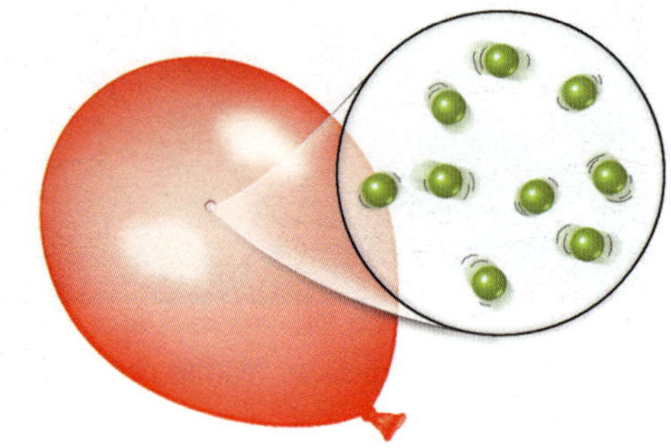

Partículas de un gas.

Muchos de los fenómenos que tienen lugar en la atmósfera se deben a las propiedades de los gases.

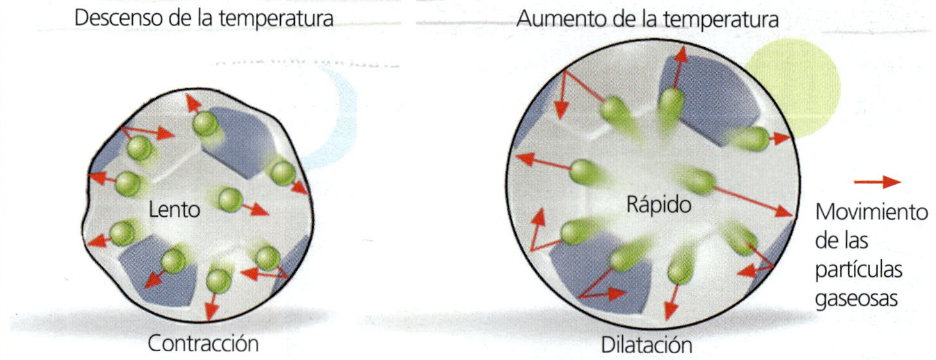

Variación del volumen en los gases.

1 **Los gases se contraen y se dilatan con facilidad, disminuyendo o aumentando su volumen. ¿A qué puede deberse esta dilatación o contracción?**

Las partículas de los gases **se mezclan con facilidad.** Así, los gases expulsados por los seres vivos o por los volcanes se mezclan con los de la atmósfera terrestre y pasan a formar parte de ella. Esto también ocurre con otras sustancias, como los contaminantes atmosféricos.

Entre las partículas de un gas siempre hay un espacio que puede ser ocupado por otra partícula, incluso si el gas se encuentra dentro de un recipiente.

2 ¿Qué características presenta la materia en estado gaseoso?

3 ¿Es el aire una mezcla homogénea o heterogénea? Razona tu respuesta.

1.2. Origen de la atmósfera

Como vimos en la unidad anterior, la Tierra se formó hace 4 600 millones de años, junto con el resto del sistema solar, mediante la acreción de planetesimales. El choque de estos fragmentos rocosos liberaba gases que la gravedad terrestre no dejaba escapar.

En el planeta en formación había una intensa actividad volcánica, que liberaba gases del interior terrestre. Estos se fueron acumulando alrededor de la superficie y, junto a los gases producidos en los choques de planetesimales, formaron la **atmósfera primitiva.**

Origen del sistema solar.

Erupción volcánica.

4 Relaciona las imágenes superiores con el origen de la atmósfera en la Tierra.

¿Crees que la atmósfera terrestre primitiva era parecida a la actual?

La atmósfera terrestre primitiva presentaba muchos gases parecidos a los que expulsan los volcanes actuales: nitrógeno, dióxido y monóxido de carbono, metano, etc. También contenía gran cantidad de vapor de agua, procedente tanto de volcanes y cometas, y mucho menos oxígeno que la atmósfera actual.

Con el progresivo enfriamiento de la Tierra, el vapor de agua de la atmósfera se condensó y comenzó a caer en forma de precipitación[1]. Esto originó los primeros mares y océanos terrestres, donde probablemente se inició la vida.

Hace unos 3 500 millones de años, en el seno de estos océanos primitivos, aparecieron los primeros organismos fotosintéticos, que eran bacterias. A medida que se multiplicaban, fue disminuyendo la cantidad de dióxido de carbono atmosférico, al tiempo que aumentaba la de oxígeno. Este cambio en la composición de la atmósfera permitió el desarrollo de otras formas de vida.

[1]**precipitación:** caída de agua desde la atmósfera en forma de lluvia, nieve o granizo.

5 ¿Hubiese sido posible la vida actual en la atmósfera primitiva? Razona tu respuesta.

6 ¿De qué tipo de materia crees que se alimentaban los primeros seres vivos terrestres?

1.3. Composición de la atmósfera

La atmósfera está formada por un conjunto de gases que denominamos **aire.** Aunque es invisible, podemos percibir el aire cuando hace viento, o cuando nuestro cuerpo reacciona ante algunos de sus componentes.

Entre los gases que forman parte de la atmósfera, por su abundancia destacan dos: el nitrógeno (78 %) y el oxígeno (21 %). De forma minoritaria, encontramos otros gases, como el hidrógeno y el metano, además de los gases contaminantes que el ser humano genera en su actividad diaria y libera al medio.

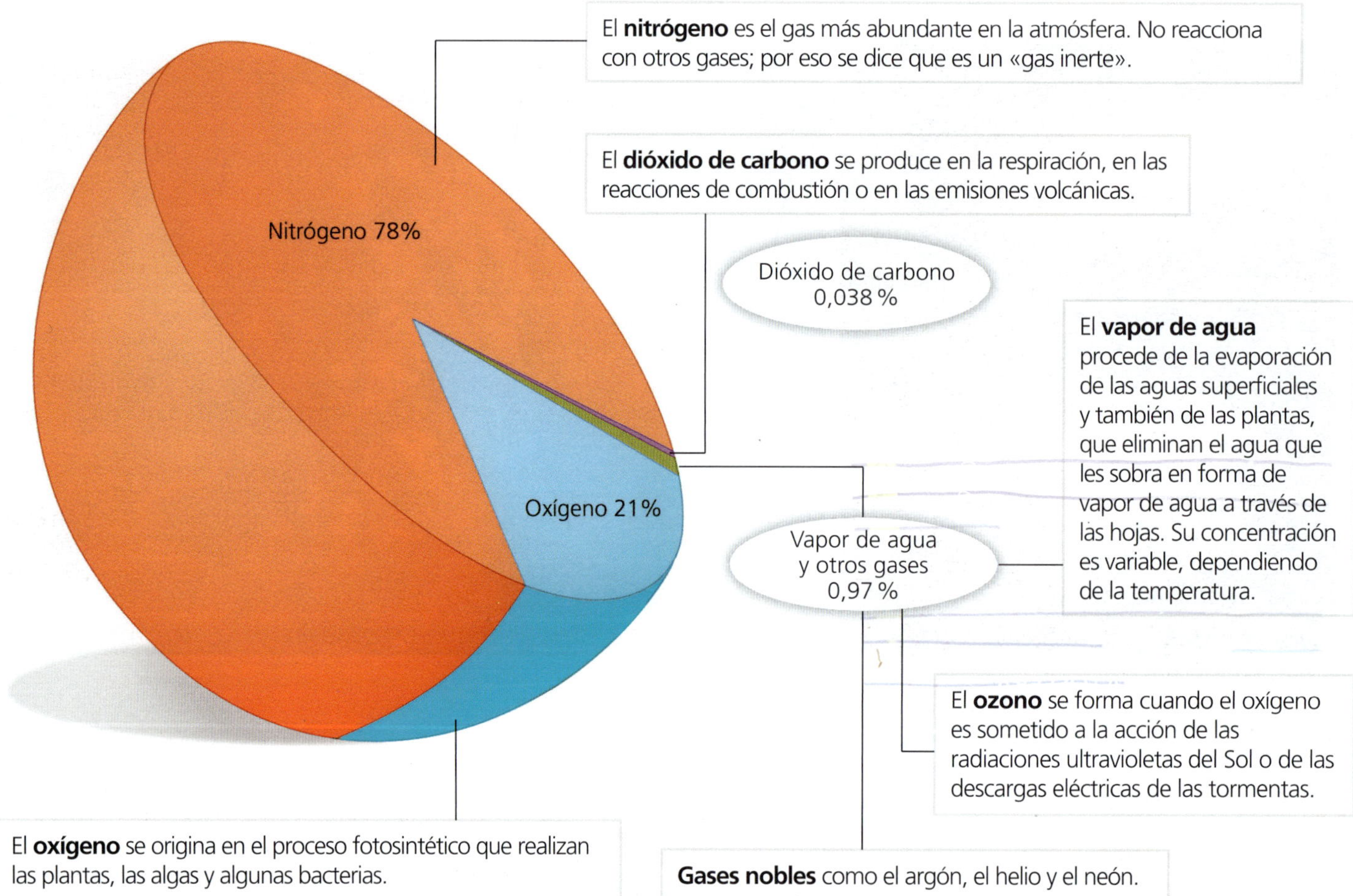

Composición de la atmósfera terrestre: componentes mayoritarios y minoritarios.

Formación del arcoíris.

¿Sabrías decir que otras sustancias es posible encontrar en la atmósfera?

Además de gases, la atmósfera terrestre contiene **partículas sólidas en suspensión,** como polvo, pólenes, esporas y microorganismos diversos que son desplazados por el aire.

En ausencia de contaminantes es incolora, aunque nosotros percibimos en ella distintos tonos, como el azul del día o el naranja del atardecer. Esto se debe a la dispersión de los rayos de luz solares, que se descomponen en diferentes colores cuando chocan con alguna partícula. Así, al atravesar gotas de agua dan lugar al arcoíris.

7. ¿Qué procesos mantienen el equilibrio entre el oxígeno y el dióxido de carbono en la atmósfera?
8. Si tenemos una habitación de forma cúbica con 5 m de lado, ¿cuántos metros cúbicos (m^3) habrá de nitrógeno, oxígeno y dióxido de carbono?

1.4. Estructura de la atmósfera

La atmósfera no es completamente homogénea, pues los gases que la forman se disponen en ella según su densidad. Los más densos se encuentran más cerca de la superficie, atraídos por la fuerza de gravedad, y los menos densos, más lejos.

La mayor parte de los gases se concentran en los primeros 20 km de la atmósfera, aproximadamente. Sin embargo, la estructura de la atmósfera no es estática, y los gases de las diferentes capas que la componen se hallan en continuo movimiento.

La atmósfera terrestre presenta cinco capas, que desde la superficie hacia el exterior son: troposfera, estratosfera, mesosfera, termosfera y exosfera.

La **exosfera** se extiende desde los 500 km aproximadamente hasta difuminarse en el espacio exterior. Se caracteriza por una concentración muy baja, apenas inexistente, de gases. En esta capa se sitúan los satélites artificiales.

La **termosfera** va de los 80 a los 500 km. En ella se absorben las radiaciones solares más potentes y energéticas, como los rayos X. Por eso, en su parte superior, la temperatura alcanza los 1 000 °C.

La **mesosfera** se extiende entre los 50 y los 80 km. En esta capa la temperatura baja hasta los –100 °C. Aquí se forman las estrellas fugaces, al desintegrarse los pequeños meteoritos por el rozamiento con las partículas del aire.

La **estratosfera** se sitúa entre los 12 y los 50 km. Los gases que la forman realizan movimientos horizontales. En ella, a unos 25 km de altitud, se sitúa la capa de ozono, que nos protege de las radiaciones ultravioletas. Su temperatura aumenta con la altitud hasta alcanzar los 5 °C.

La **troposfera** llega hasta los 12 km de altitud, aproximadamente. La altitud de esta capa es menor en los polos y mayor en el ecuador. En ella se dan las condiciones adecuadas para que exista la vida y tienen lugar los fenómenos meteorológicos, como el viento o la lluvia. Contiene el 90 % del total de la masa de gases atmosféricos. Su temperatura desciende con la altitud hasta alcanzar los –60 °C en el límite superior.

9. Explica brevemente las características más importantes de cada capa de la atmósfera.

10. ¿En qué capa de la atmósfera se encuentra la capa de ozono? ¿Por qué es importante la capa de ozono?

11. Explica qué fuerza es la que impide que los gases que forman la atmósfera sean liberados al espacio.

Ideas claras

- La atmósfera es la capa de gases que rodea la Tierra.
- Los componentes mayoritarios de la atmósfera son el nitrógeno (78 %) y el oxígeno (21 %).
- Las capas de la atmósfera desde la superficie terrestre hasta el exterior son: troposfera, estratosfera, mesosfera, termosfera y exosfera.

- En la atmósfera se encuentra el oxígeno que utilizan los seres vivos para respirar.

2. IMPORTANCIA DE LA ATMÓSFERA PARA LOS SERES VIVOS

La atmósfera terrestre está formada por gases, muchos de los cuales son esenciales para que los seres vivos lleven a cabo procesos vitales como la respiración y la fotosíntesis. Por otro lado, los fenómenos atmosféricos son fundamentales para que exista agua líquida, imprescindible para vida.

Además, la atmósfera realiza una doble función que hace posible que nuestro planeta resulte habitable:

- **Acción reguladora de la temperatura terrestre.** Retiene el calor procedente del Sol, lo que aumenta la temperatura media del planeta y la mantiene en unos márgenes adecuados para el desarrollo de la vida.
- **Acción protectora.** Impide que agentes externos, como meteoritos o radiaciones perjudiciales, puedan llegar a la superficie.

¿Recuerdas cómo han contribuido los seres vivos a la formación de la atmósfera que tenemos actualmente?

2.1. Gases atmosféricos y vida

La atmósfera contiene parte de las sustancias que los seres vivos necesitan para nutrirse. Por ejemplo:

- **Dióxido de carbono (CO_2).** Es un gas indispensable para que los organismos autótrofos, como las plantas, puedan realizar la **fotosíntesis.** Además las plantas y los animales lo expulsan durante la respiración. También se libera a la atmósfera como producto de la combustión.
- **Oxígeno (O_2).** Es imprescindible en la respiración de los seres vivos. Durante este proceso se transforma la materia orgánica en inorgánica (H_2O y CO_2) y se obtiene la energía que necesitan para realizar sus funciones vitales.

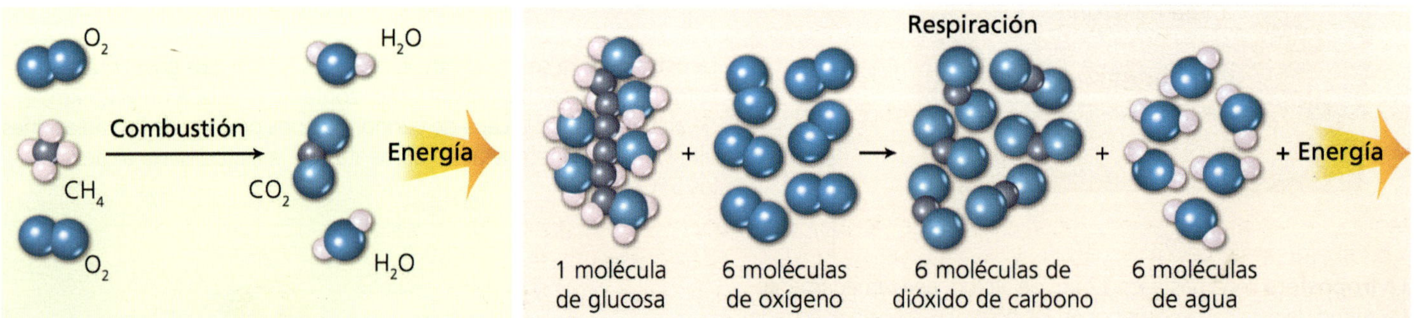

Combustión y respiración celular.

12 ¿Por qué a la respiración se le denomina «combustión» de la materia orgánica (glucosa)?

¿Qué otros gases de los que componen la atmósfera son necesarios para los seres vivos?

- **Nitrógeno (N_2).** Es imprescindible para la construcción de las proteínas.
- **Vapor de agua (H_2O).** El vapor de agua de la atmósfera forma parte del ciclo del agua, fundamental para que exista agua líquida disponible para los seres vivos.

El carbono (C), el hidrógeno (H), el oxígeno (O) y el nitrógeno (N) de la atmósfera son los elementos químicos más abundantes en los seres vivos (constituyen más del 99 % de su organismo).

13 ¿Por qué es importante el oxígeno para los seres vivos? ¿Y el dióxido de carbono?

2.2. Fenómenos atmosféricos producidos por el vapor del agua

El vapor de agua atmosférico proviene de la evaporación de las aguas oceánicas y continentales y, en menor medida, de la transpiración de las plantas. Este gas experimenta dos procesos: condensación y precipitación.

Se denomina **humedad** a la cantidad de vapor de agua que hay en el aire.

2.2.1. Fenómenos atmosféricos debidos a la condensación

El vapor de agua pasa a estado líquido o, lo que es lo mismo, se **condensa,** cuando disminuye la temperatura. Para que la condensación tenga lugar el gas debe entrar en contacto con una superficie sólida, por ejemplo, las pequeñas partículas que flotan en el aire. Esta superficie recibe el nombre de **núcleo de condensación.**

¿De qué crees que están hechas las nubes?

Algunos fenómenos atmosféricos debidos a la condensación del vapor de agua son las nubes, la niebla, el rocío y la escarcha.

	Las **nubes** se forman cuando el vapor asciende en altitud y se condensa alrededor de un núcleo de condensación.		El **rocío** es el resultado de la condensación del vapor de agua sobre superficies como las plantas. Sucede de noche, cuando las temperaturas descienden.
	La **niebla** son las nubes que se forman a ras de suelo. La baja temperatura de este permite la condensación del vapor de agua.		La **escarcha** se produce cuando las gotas del rocío se congelan porque la temperatura es inferior a 0 °C.

14 ¿Cuándo precipita el agua de una nube?

15 Al amanecer, tras una noche despejada con temperaturas por debajo de 0 °C, vemos un manto blanco sobre la vegetación. ¿Crees que ha nevado? ¿De qué fenómeno se trata? Razona tus respuestas.

16 Investiga la relación que existe entre el tamaño de las hojas de una planta y la disponibilidad de agua en el medio donde vive.

2.2.2. Fenómenos atmosféricos debidos a la precipitación

Llamamos **precipitación** a la caída de agua desde la atmósfera al suelo, en forma líquida o sólida.

Dentro de las nubes se producen corrientes de aire que hacen que las gotas de agua choquen entre sí, se unan y formen gotas mayores. Cuando su peso es suficiente para vencer la gravedad, las gotas precipitan. Si lo hacen en estado líquido originan la **lluvia,** y si las temperaturas son inferiores a 0 °C, los **copos de nieve.** Finalmente, cuando las gotas se forman en el interior de nubes de tormenta ascienden varias veces, su tamaño aumenta y se congelan, dando lugar al **granizo.**

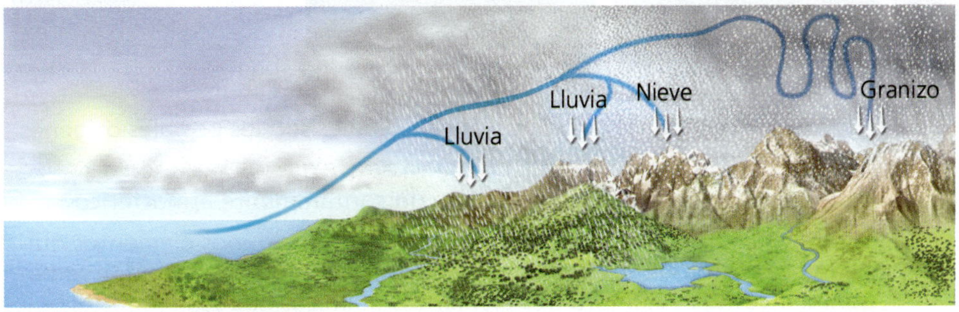

Diferentes tipos de precipitación.

Ideas claras

- La atmósfera contiene elementos químicos que son fundamentales para los seres vivos.
- Los fenómenos atmosféricos relacionados con el vapor de agua permiten la existencia de agua disponible para los seres vivos.

- La atmósfera nos protege frente a las radiaciones solares dañinas y los meteoritos.

3. LA CONTAMINACIÓN ATMOSFÉRICA

La atmósfera es imprescindible para la vida, porque protege a los seres vivos y les proporciona elementos esenciales.

Aún así, los seres humanos parecemos empeñados en modificar su composición, ignorando que los contaminantes que emitimos a la atmósfera pueden causarnos problemas de salud o perjudicar al resto del planeta.

La **contaminación atmosférica** se define como la alteración de la composición normal del aire debida a la presencia de formas de energía y partículas de materia que pueden resultar nocivas para los seres vivos y su entorno.

¿Crees que el ser humano es el único causante de la contaminación atmosférica?

3.1. Tipos de contaminantes

Existen dos grandes grupos de agentes contaminantes atmosféricos: unos son sustancias naturales y otros, sustancias artificiales.

- Los **contaminantes naturales** provienen de fenómenos naturales en los que no hay intervención humana. Se trata, por ejemplo, del polvo de los desiertos, las cenizas y los gases desprendidos en las erupciones volcánicas o el polen que producen las plantas.
- Los **contaminantes artificiales** son generados por la actividad humana. Se clasifican, según su procedencia, en físicos y químicos.

Contaminantes artificiales			
Contaminantes físicos			**Contaminantes químicos**
Radiaciones electromágneticas	**Ruido**	**Radiactividad**	Se originan principalmente a partir de las actividades industriales, el transporte y las calefacciones. Son tanto partículas sólidas como gases con efectos muy diversos, como la intensificación del efecto invernadero, la formación de lluvia ácida o la destrucción de la capa de ozono. Muchos de ellos causan también daños directos a los seres vivos, como problemas respiratorios.
Proceden de las antenas y la telefonía móvil, las líneas de alta tensión y los transformadores.	Sonidos molestos e indeseados que pueden ser dañinos para los seres vivos.	Radiaciones de alta energía que se liberan al medio a partir de accidentes o escapes de centrales nucleares.	

17 ¿Qué es la contaminación atmosférica? ¿Cuáles son los posibles orígenes de los contaminantes atmosféricos?

18 ¿Por qué el polen puede considerarse un contaminante atmosférico?

19 La radiactividad es una propiedad que presentan algunos elementos químicos cuyos átomos, al desintegrarse de forma espontánea, emiten radiaciones. Investiga y nombra tres elementos químicos que sean radiactivos.

3.2. Consecuencias de la contaminación atmosférica

La contaminación atmosférica provoca el incremento del efecto invernadero y la destrucción de la capa de ozono, dos fenómenos relacionados con el cambio climático que veremos en los próximos epígrafes. Pero los contaminantes también tienen otras consecuencias, que se manifiestan a diferentes escalas:

- A **escala global o planetaria,** los contaminantes atmosféricos son responsables de la **lluvia ácida.** Los óxidos de nitrógeno y azufre, que son gases emitidos por las industrias, se combinan con el vapor de agua y se transforman en ácidos. Estos precipitan con la lluvia, a veces a cientos de kilómetros de distancia del foco de emisión, contaminando el agua y el suelo y destruyendo la vegetación.

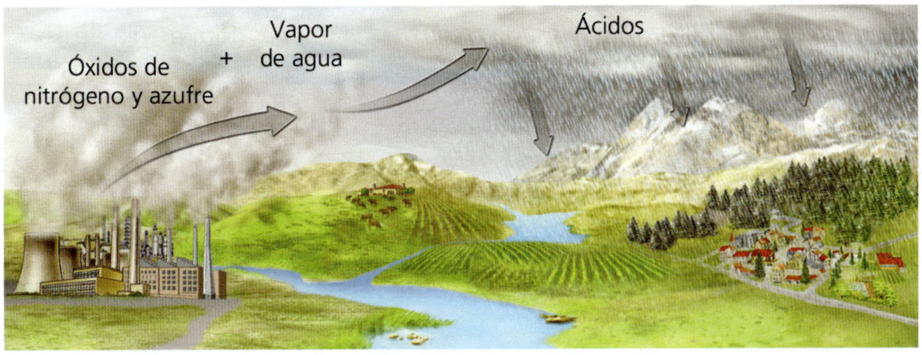

Formación de la lluvia ácida.

20 ¿Cómo es posible que la lluvia ácida precipite a cientos de kilómetros del foco de emisión?

- En los **ecosistemas,** las sustancias contaminantes destruyen espacios naturales, obligando a las especies que viven en ellos a cambiar de hábitat o, incluso, causando su extinción.
- A **escala individual,** la contaminación puede ser el origen de problemas respiratorios y otros trastornos, como fatiga, insomnio, dolor de cabeza o incluso de daños en los sistemas nervioso, hormonal e inmunológico.

¿Qué podemos hacer para evitar la contaminación atmosférica?

3.3. Medidas preventivas y correctoras

Algunas medidas generales para reducir la contaminación son:

- **Limpiar y depurar los humos** y gases producidos en las industrias.
- **Controlar y reducir las emisiones** de contaminantes tóxicos y peligrosos, desde las centrales nucleares y las grandes industrias hasta los medios de transporte.
- **Incentivar la reforestación** de antiguas zonas verdes o bosques, de modo que sirvan para absorber el exceso de CO_2 atmosférico.

Ante el enorme problema de la contaminación, puede parecer que las acciones individuales poco pueden lograr, pero cada grano de arena que aportemos contribuirá a que nuestra atmósfera sea más limpia y pura. Para ello podemos:

- **Disminuir el consumo energético,** sobre todo de combustibles fósiles y derivados.
- **Sustituir las fuentes de energía tradicionales o no renovables** por otras alternativas o renovables, cuya tasa de contaminación sea menor o nula.
- **Reducir residuos y reutilizar y reciclar** tanto materia como energía.

21 Cita tres medidas para evitar la contaminación atmosférica e indica qué tipo de contaminante se reduciría en cada caso.

22 Indica tres acciones que puedas realizar en casa para reducir los grandes problemas de contaminación.

Ideas claras

- La contaminación atmosférica es la alteración normal del aire por la presencia de formas de energía o de partículas materiales.
- Las consecuencias de la contaminación atmosférica se manifiestan a escala global, de ecosistema o individual.

▌La atmósfera retiene el calor procedente del Sol, lo que aumenta la temperatura media del planeta.

4. EL EFECTO INVERNADERO

Se denomina **efecto invernadero** al fenómeno mediante el cual la atmósfera retiene parte del calor procedente del Sol. Así, regula la temperatura en la superficie de la Tierra, manteniéndola en unos niveles adecuados para la vida.

Aunque no toda la radiación del Sol llega a la superficie terrestre, la que consigue alcanzarla calienta el suelo y el aire que está en contacto con él. Una parte de ese calor escapa de la atmósfera y es liberado de nuevo al espacio; otra parte queda retenida debido a los **gases de efecto invernadero,** como el dióxido de carbono y el vapor de agua. Estos gases, presentes en las capas bajas de la atmósfera, retienen y devuelven parte de esta radiación a la Tierra, evitando que se pierda. De esta manera, en la superficie del planeta se alcanza una temperatura media de 15 °C.

Efecto invernadero.

Entonces, ¿el efecto invernadero es bueno o malo?

El efecto invernadero es un fenómeno natural; si no existiese, la temperatura media de la superficie de la Tierra no superaría los –18 °C, y la vida sería muy limitada.

4.1. Causas del aumento del efecto invernadero

Cuando la proporción de gases invernadero aumenta, también lo hace la temperatura media del planeta. Este fenómeno se observa desde finales del siglo XIX, aunque se ha intensificado en las últimas décadas del siglo XX.

La emisión de dióxido de carbono a la atmósfera ocurre de manera natural con la respiración y la actividad volcánica, pero este enorme incremento al que nos referimos se ha debido, principalmente, a dos causas:

- La **combustión de derivados del carbón y del petróleo** en las industrias, calefacciones y automóviles, entre otros.
- La **destrucción de los bosques,** que ha reducido el número de organismos fotosintéticos que absorben el CO_2 atmosférico.

Según estudios de la NASA e informes de la ONU, la temperatura media del planeta ha aumentado 0,8 °C en los últimos 100 años.

23 ¿Qué sucedería si no existiese el efecto invernadero natural?

24 ¿Por qué la temperatura media de la Luna es mucho menor que la de la Tierra, si la distancia al Sol es prácticamente la misma?

25 ¿Por qué en el interior de un invernadero la temperatura es superior a la del exterior?

Evolución de las emisiones de CO_2 en España (1990-2012)

Año	CO_2 (millones de toneladas)
1990	282,8
1991	290,3
1992	297,1
1993	285,0
1994	301,2
1995	312,7
1996	305,1
1997	326,6
1998	336,6
1999	364,5
2000	378,8
2001	379,2
2002	395,6
2003	402,6
2004	418,5
2005	432,8
2006	424,2
2007	432,0
2008	398,9
2009	362,7
2010	348,6
2011	350,5
2012	343,9

26 Elabora un polígono de frecuencia que represente la información de la tabla.

4.2. Consecuencias del aumento del efecto invernadero

El aumento del efecto invernadero conlleva un ascenso de la temperatura media del planeta. Este proceso es conocido como **calentamiento global.**

El calentamiento global causa variaciones en el clima. Aunque este no ha sido siempre constante, la actividad del ser humano y la producción de gases de efecto invernadero que conlleva han acentuado dichas variaciones. Este proceso se denomina **cambio climático.**

El calentamiento global tiene, a su vez, otras consecuencias:

El aumento de la temperatura hace que los hielos de los glaciares se fundan, como ocurre en los polos.

La fusión de los polos provoca un aumento del nivel del mar y las consiguientes inundaciones en zonas costeras.

Alteración del ciclo hidrológico, que cambia el régimen global de lluvias, vientos y abastecimiento de agua.

Habrá más lluvias torrenciales en algunas partes del planeta y desertización en otras.

Desarrollo de plagas, al alterarse la distribución de insectos y de otros animales que transmiten enfermedades infecciosas.

Propagación de alergias y de enfermedades tropicales en zonas templadas.

Desaparición de ecosistemas, sobre todo los más vulnerables, como los arrecifes de coral o los bosques boreales.

Desaparición de muchas de las especies que habitan en los ecosistemas amenazados.

27 ¿Por qué el efecto invernadero es beneficioso para los seres vivos? ¿Por qué puede ser perjudicial?

28 ¿Qué gases atmosféricos son responsables del efecto invernadero? ¿Cómo actúan?

29 Indica si las siguientes afirmaciones son verdaderas o falsas. Corrige las que sean erróneas.

a) El ser humano no altera la composición de los gases de la atmósfera.

b) El efecto invernadero natural causa el deshielo de los polos.

c) El efecto invernadero puede provocar lluvias torrenciales.

d) El desarrollo de las plagas se debe a las inundaciones de las zonas costeras.

e) El efecto invernadero no afecta al número de especies de la Tierra.

Ideas claras

- El efecto invernadero es un fenómeno natural que regula la temperatura de la Tierra y permite la vida.
- El aumento del efecto invernadero causado por el ser humano conlleva un calentamiento global del planeta.

- El ozono es un gas que actúa como pantalla protectora frente a los rayos ultravioletas solares.
- La capa de ozono se encuentra en la estratosfera.

5. LA CAPA DE OZONO

La atmósfera actúa como un filtro que nos protege frente a las radiaciones solares perjudiciales y el impacto de meteoritos.

No todas las radiaciones que nos llegan del Sol son nocivas: la luz visible y la radiación infrarroja, por ejemplo, resultan esenciales para los seres vivos. Pero otras, como los rayos X, los gamma o los ultravioletas, son dañinas.

La atmósfera nos protege frente a las radiaciones solares perjudiciales:

- Los **rayos X** y los **rayos gamma** son absorbidos por dos capas: la mesosfera y la termosfera.
- Los **rayos ultravioleta** son absorbidos en gran medida por la capa de ozono de la estratosfera. Existen diferentes tipos de rayos ultravioleta (UV), cada uno de los cuales ejerce acciones diferentes sobre los seres humanos.
    - Los **rayos UVA** no son absorbidos por la capa de ozono. Broncean la piel, pero su abuso puede causar trastornos en ella, además de enfermedades oculares.
    - La capa de ozono absorbe casi todos los **rayos UVB,** pero una parte puede alcanzar la superficie terrestre. Ocasionan los mismos trastornos que las exposiciones prolongadas a los rayos UVA.
    - Los **rayos UVC** son absorbidos por completo por la capa de ozono. Son los más peligrosos, pues causan cáncer de piel o cataratas.

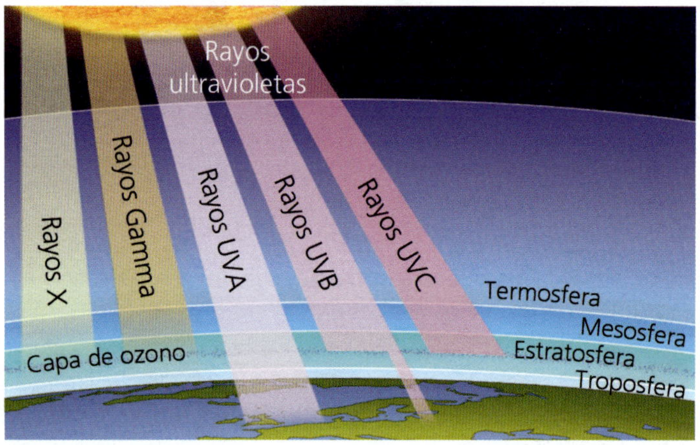

Protección atmosférica frente a las radiaciones solares.

30 ¿Qué radiaciones llegan a la superficie terrestre?

¿Crees que la capa de ozono ha existido siempre?

La capa de ozono se originó en nuestro planeta después de la aparición del oxígeno. Por esa razón la vida no pudo comenzar sobre la superficie terrestre, sino en los mares y océanos. La formación de la capa de ozono fue esencial para el desarrollo de los seres vivos terrestres, y lo sigue siendo para el mantenimiento de la vida actual. Sin embargo, a finales de los años 70 del siglo XX, los investigadores descubrieron que estaba siendo destruida.

5.1. Causas de la destrucción de la capa de ozono

La zona donde la desaparición de la capa de ozono es más evidente se localiza en la estratosfera, sobre la Antártida. Se trata del denominado **«agujero» de la capa de ozono.**

Los principales responsables de su formación son ciertos compuestos químicos artificiales, llamados **CFC** o **gases clorofluorocarbonos,** presentes en los aerosoles, refrigerantes de frigoríficos y sistemas de aire acondicionado y disolventes.

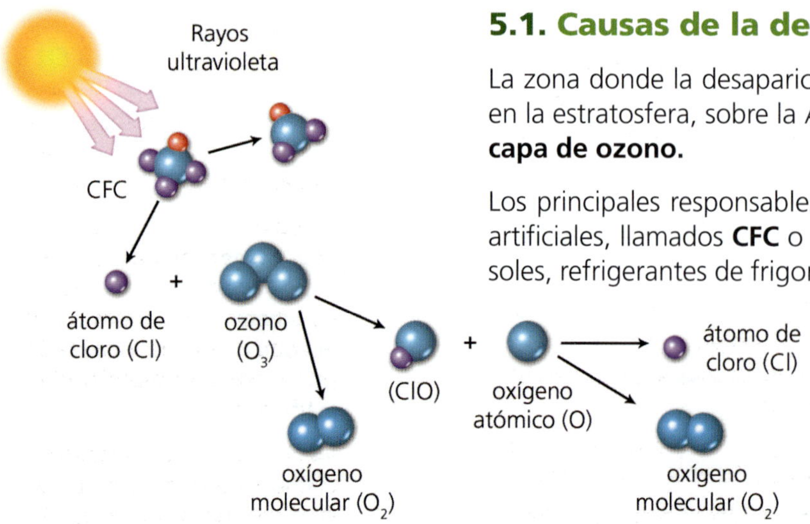

Destrucción de la capa de ozono.

Las moléculas de cloro que contienen los CFC son liberadas a la estratosfera por las radiaciones ultravioletas procedentes del Sol. Los átomos de cloro (Cl) destruyen las moléculas de ozono, transformándolas en oxígeno y liberando nuevamente el cloro. Por ese motivo, una molécula de Cl_2 puede destruir miles de moléculas de ozono (O_3) antes de desaparecer.

5.2. Consecuencias de la destrucción de la capa de ozono

Las radiaciones ultravioleta generan mucha energía, capaz de romper los enlaces entre las moléculas que constituyen los seres vivos. Algunos de estos daños pueden ser irreparables. Las principales consecuencias para el ser humano son:

- **Efectos sobre la piel.** Pueden ir desde un enrojecimiento cutáneo y quemaduras leves hasta trastornos más graves, como el cáncer de piel o su envejecimiento prematuro. Los efectos son más graves cuanto más prolongada es la exposición a la radiación.
- **Efectos sobre las defensas del cuerpo.** La radiación ultravioleta puede alterar la información genética del núcleo de la célula y deteriorar el sistema inmunológico, que nos protege frente a las enfermedades. A consecuencia de ello se produce un aumento de las enfermedades infecciosas y de su gravedad.
- **Efectos sobre la vista.** Las exposiciones prolongadas a los rayos ultravioleta pueden causar ceguera o aparición prematura de cataratas.

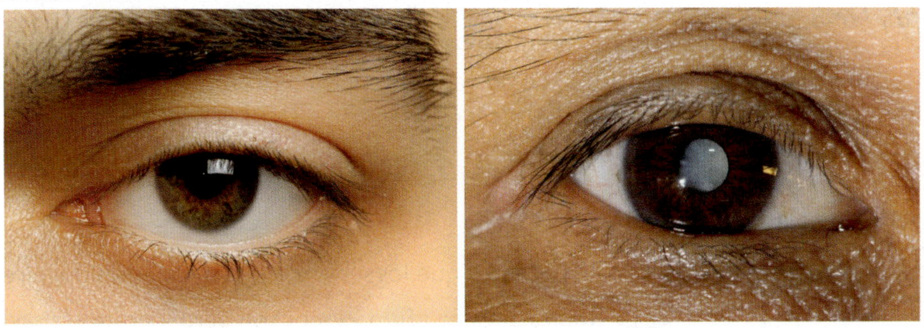

Cataratas.

31 Las cataratas pueden deberse a la acción de los rayos ultravioletas. Observando las imágenes, ¿en qué dirías que consiste esta enfermedad? ¿Cuál de estos dos ojos presenta cataratas?

La radiación ultravioleta también puede modificar el desarrollo normal del resto de los seres vivos. Por ejemplo, afecta al crecimiento de las plantas, pues disminuye la eficacia de la fotosíntesis, y al número de frutos que pueden producir.

En los ecosistemas acuáticos, la radiación ultravioleta es responsable de la pérdida del fitoplancton, que es el conjunto de pequeños organismos acuáticos autótrofos que flotan en el agua y sirven de alimento a otros seres vivos. Por eso, su disminución afecta a muchos otros elementos del ecosistema. Además, estos organismos son el principal grupo de seres vivos que realizan la fotosíntesis, por lo que al disminuir su número lo hace también la cantidad de CO_2 que se retira de la atmósfera, y esto aumenta el efecto invernadero.

Por todos estos motivos, es fundamental evitar que la capa de ozono siga destruyéndose.

32 ¿Por qué la acción de los rayos ultravioleta sobre el fitoplancton puede afectar a los peces del ecosistema marino? ¿Podrían verse afectados también otros animales, como las aves? Justifica tus respuestas.

33 Si se dejaran de utilizar los compuestos de bromo y los CFC, ¿se detendría inmediatamente la destrucción de la capa de ozono? Razona tu respuesta.

34 Busca información sobre las cabinas de bronceado con radiación ultravioleta y realiza un informe sobre las posibles consecuencias de un uso excesivo.

Ideas claras

- La atmósfera ejerce un papel protector frente a las radiaciones emitidas por el Sol.
- La capa de ozono presenta un adelgazamiento que se localiza sobre la Antártida y que llamamos «agujero de la capa de ozono», causado por ciertos contaminantes artificiales.
- La destrucción de la capa de ozono puede causar daños en la piel, en las defensas del cuerpo y en la vista.

Composición y estructura de la atmósfera

35 ¿Qué es la atmósfera?

36 El dióxido de carbono desempeña un papel muy importante para la vida. Explícalo en tu cuaderno.

37 Haz un esquema que represente el grosor de las distintas capas de la atmósfera.

38 Suponiendo que cuando inspiras entran en tus pulmones un millón de moléculas de gases atmosféricos, ¿qué número de moléculas serán de oxígeno? ¿Cuántas serán de nitrógeno?

39 Si inflamos un globo en verano y lo dejamos en un patio a pleno sol, el globo explota. Por el contrario, si lo inflamos en invierno y lo dejamos en el mismo patio, pierde volumen. ¿Por qué piensas que ocurre esto?

40 La siguiente gráfica muestra cómo ha variado la concentración de algunos gases en la atmósfera desde su origen hasta la actualidad. Haz una redacción en la que, interpretando la gráfica, justifiques los cambios acontecidos.

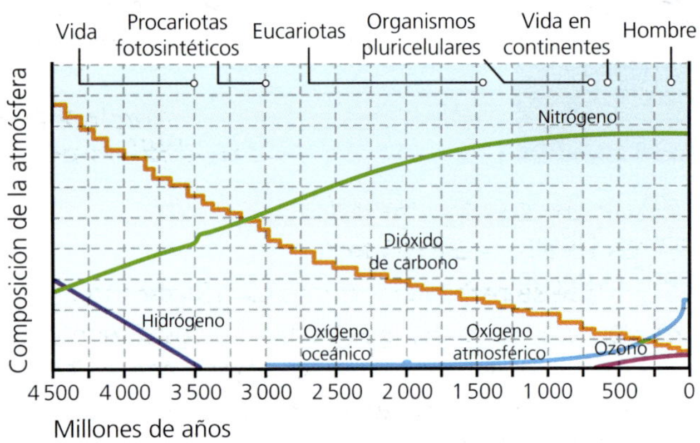

41 Observa la gráfica de la actividad anterior y contesta las siguientes cuestiones:

a) ¿Podrían haber existido animales como los actuales hace 4 000 millones de años? ¿Por qué?

b) ¿Con qué seres vivos se relaciona el aumento del oxígeno atmosférico?

c) ¿Por qué el ozono apareció tan tarde en la atmósfera?

42 ¿Qué seres vivos originan el oxígeno atmosférico? ¿Es posible que hayan producido ellos solos todo el que hay en la atmósfera?

43 Indica en qué capa de la atmósfera tienen lugar los siguientes fenómenos:

a) Formación de nubes.

b) Formación de las estrellas fugaces.

c) Aurora polar.

d) Ubicación de satélites artificiales.

e) Eliminación de los rayos X.

f) Desarrollo de la vida.

g) Absorción de los rayos ultravioletas.

44 Observa la imagen y responde a las preguntas.

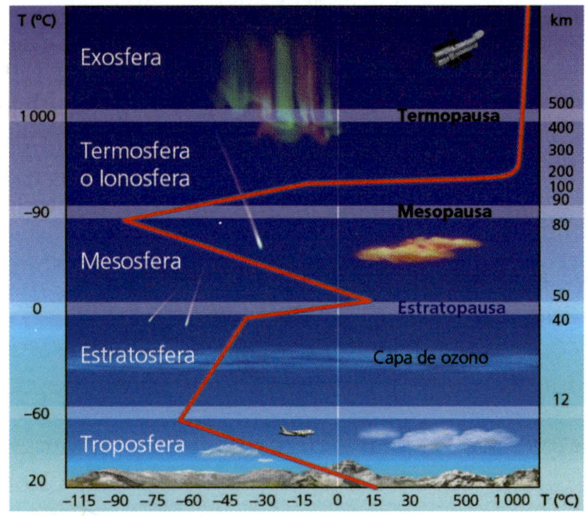

a) ¿Cómo definirías los términos *tropopausa*, *estratopausa*, *mesopausa* y *termopausa?*

b) ¿Cómo varía la temperatura (línea roja) según la altitud en la atmósfera?

Importancia de la atmósfera para los seres vivos

45 Explica por qué los seres vivos dependemos del aire.

46 Indica si estas afirmaciones son verdaderas o falsas y razona tus respuestas:

a) La nieve y el granizo son el mismo fenómeno, pero en distintas épocas del año.

b) La lluvia se debe a la condensación del vapor de agua cuando asciende.

c) El rocío se forma cuando se funde la escarcha.

47 ¿Qué sucedería con la temperatura de la Tierra si no existiese la atmósfera?

48 Indica a qué gas atmosférico se refiere cada afirmación y explica por qué es fundamental para los seres vivos:

a) Lo liberan las plantas al medio mediante la fotosíntesis.

b) Es el producto de la respiración de los seres vivos.

c) Es el componente mayoritario de la atmósfera.

d) Forma parte del ciclo del agua.

49 Al rociar con un pulverizador el cristal de una ventana con gotas de agua muy finas, observamos que estas se adhieren al cristal. Si repetimos el proceso, las gotas comienzan a unirse y se hacen cada vez más grandes. Cuando son lo suficientemente grandes, resbalan hacia abajo. ¿A qué fenómenos atmosféricos te recuerda esta experiencia? Explica tu respuesta.

La contaminación atmosférica

50 Explica razonadamente la veracidad de la siguiente afirmación: «La deforestación contribuye al calentamiento global».

51 Razona por qué el ahorro energético contribuye a reducir la contaminación atmosférica.

52 El término *smog* procede de un juego de palabras en inglés que combina *smoke* («humo») y *fog* («niebla»). Busca información y explica cómo se forma, qué condiciones atmosféricas deben darse y sus posibles consecuencias para la salud humana.

El efecto invernadero

53 Observa la imagen y explica qué representa y con qué fenómeno natural tiene relación. ¿Qué importancia tiene este fenómeno para la vida en la Tierra?

54 En el siguiente gráfico se muestran distintos factores que influyen en el aumento del nivel del mar.

Contesta las siguientes preguntas:

a) ¿Qué porcentaje del aumento del nivel del mar se debe a la fusión de los casquetes polares y los glaciares?

b) ¿Cuál es el promedio anual del aumento del nivel del mar?

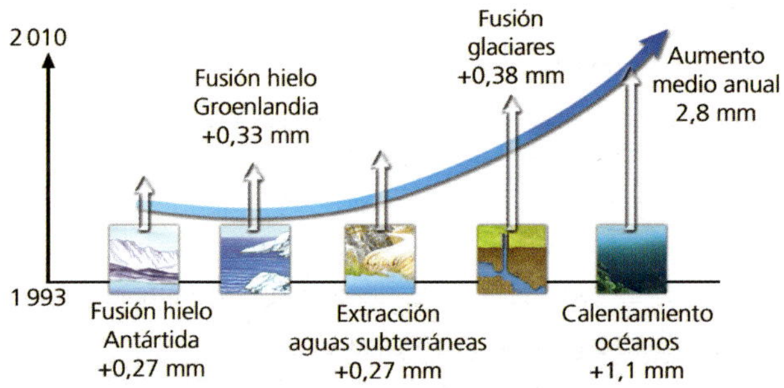

La capa de ozono

55 ¿Por qué se dice que la atmósfera ejerce una acción protectora para los seres vivos?

56 Investiga sobre el ozono troposférico y explica qué consecuencias tiene para el ser humano la presencia de este gas en esa capa de la atmósfera.

LEE Y COMPRENDE LA CIENCIA

Cazadores de tormentas

Hay gente que se pasa la vida mirando al cielo, con la cabeza literalmente en las nubes, intentando atrapar con sus cámaras, sus ordenadores y sus instrumentos meteorológicos los fenómenos más espectaculares que se dan en el gran escenario del cielo y a los que muchas veces el común de los mortales no prestamos la suficiente atención. Son los cazatormentas.

A bordo de todoterrenos o con una mochila a cuestas, algunos meteorólogos aficionados salen al encuentro de tormentas, granizadas y tornados para fotografiarlos. Aunque, en España, el fenómeno más preciado de captar es la gota fría en verano y las grandes nevadas en invierno.

Sergio F. Fanjul
El País, septiembre 2011

a) ¿De qué habla el texto?

b) Justifica el título del texto.

c) ¿A qué se refiere el término *cazatormentas?*

d) ¿Crees que serán iguales las fotografías tomadas por los cazatormentas en cualquier época del año?

e) Investiga sobre el fenómeno de la gota fría: cómo se produce, momento y lugares más frecuentes.

TÉCNICAS DE ESTUDIO

Puedes grabar tu resumen y escucharlo tantas veces como quieras para repasar

- Elabora tu propio resumen a partir de los recuadros *Ideas claras* que aparecen en la unidad. También puedes añadir otros contenidos que consideres importantes.
- Copia el siguiente esquema en tu cuaderno y añade los elementos necesarios para construir un mapa conceptual de la unidad.

La atmósfera
- sus capas son
- está formada por
  - Gases
    - ...
- relación con los seres vivos
  - Importancia
    - ...
  - Contaminación
    - ...
  - Problemas ambientales globales
    - ...

- Crea tu propio glosario científico. Para ello, define los términos siguientes: aire, atmósfera, contaminación, efecto invernadero, fotosíntesis, gas, lluvia ácida, nube, núcleo de condensación, ozono, respiración y volumen. Puedes completar tu glosario con otros términos que consideres adecuados.

TÉCNICAS DE TRABAJO Y EXPERIMENTACIÓN

El efecto invernadero

Hace casi dos siglos que se comparó por primera vez la atmósfera terrestre con un invernadero. En esta práctica simularás la acción del efecto invernadero y reflexionarás sobre el daño que causa a los seres vivos el aumento de la temperatura del planeta.

Materiales

- Termómetro.
- Dos cajas de plástico, una de ellas con tapa.
- Tres alubias.
- Tres vasos de plástico.
- Algodón.
- Rotulador.
- Cámara de fotos.

Procedimiento

1. Siembra tres alubias en vasos de plástico con un poco de algodón húmedo.
2. Numera los vasos con el rotulador.
3. Coloca el vaso 1 dentro de una caja de plástico cerrada.
4. Coloca el vaso 2 dentro de una caja de plástico abierta.
5. Deja el vaso 3 fuera de las cajas de plástico.
6. Coloca las cajas y el vaso 3 cerca de una fuente de luz, por ejemplo, una ventana.
7. Con el termómetro, toma cada día la temperatura del medio alrededor de cada planta.
8. Fotografía las plantas después de una semana.

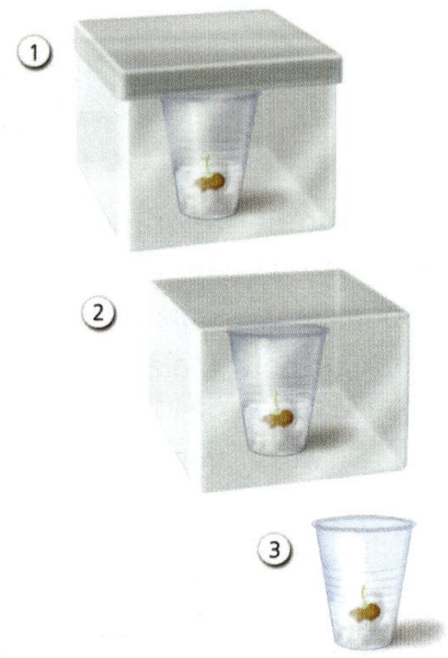

Análisis de los resultados

Para analizar los resultados, haz una tabla en tu cuaderno y anota en ella los datos. Por ejemplo:

	1	2	3
Día 1	...	...	...
Día 2	...	...	...
Día 3	...	...	...
...	...	...	...

1. ¿Todas las plantas tienen la misma apariencia? ¿Cuál presenta mejor aspecto? ¿Y peor?
2. De los materiales usados en el experimento, ¿cuál hace el papel equivalente a la atmósfera terrestre?
3. ¿Cómo afecta el incremento de la temperatura a la germinación de la planta?
4. Con los datos anotados en la tabla, realiza una gráfica que refleje cómo varía la temperatura en el medio que rodea cada planta.
5. Elabora un informe que recoja los resultados del experimento y las conclusiones que has obtenido. Incluye en él la tabla, el gráfico anterior y las fotografías que has tomado.
6. ¿Cómo podemos reducir el incremento de la temperatura de nuestro planeta?

TAREA DE INVESTIGACIÓN

Respirando aire contaminado

El objetivo de esta tarea es conocer los principales contaminantes atmosféricos presentes en nuestras ciudades y sus consecuencias para la salud. Deberás recoger la información obtenida en unas fichas técnicas y pensar algunas medidas para contribuir a la solución de este problema.

1. Investiga

a) ¿Qué contaminantes atmosféricos son analizados en cada ciudad?

b) ¿Qué cantidad media de cada uno de ellos presenta el aire?

c) ¿Qué consecuencias podría tener para la salud el aumento de los contaminantes hallados en cada ciudad?

d) ¿Qué comunidades españolas presentan más problemas de contaminación atmosférica? ¿Por qué?

2. Elabora

a) Unas fichas técnicas en las que respondas a las preguntas planteadas.

- Haz una ficha por cada ciudad investigada.
- Asegúrate de que la ficha sea fácil de leer e intenta ser creativo. Llama la atención del lector.

b) Una clasificación de las localidades estudiadas, según lo saludable que sea el aire que se respira en ellas.

c) Un conjunto de medidas correctoras para disminuir la concentración de los contaminantes estudiados.

Pautas de resolución

Para realizar la investigación debes seguir una serie de pasos:

Búsqueda de información

- No te fíes de una sola fuente de información. Comprueba que las respuestas que das se repiten en distintas fuentes.
- Anota todas las fuentes que has consultado.
- Busca y compara los datos de varias estaciones meteorológicas de una misma ciudad.

Organización de la información

- Elabora una tabla con los datos de los distintos contaminantes en las diferentes ciudades, para poder compararlas.
- Ordena la información antes de seleccionar los contenidos principales que incluirás en las fichas técnicas. Para ello, realiza un esquema.
- Redacta la información que quieras utilizar en cada apartado y selecciona las imágenes, tablas y gráficos adecuados.

Obtención de conclusiones y verificación

- Verifica tus respuestas.
- Comprueba si has respondido a todas las cuestiones planteadas.

AUTOEVALUACIÓN

- Evalúa tu trabajo respondiendo también a estas cuestiones:

1. ¿Has podido resolver todas las cuestiones del apartado *Investiga*?
2. ¿Has utilizado fuentes fiables para buscar la información?
3. ¿Has conseguido presentar la información de forma clara en las fichas técnicas?
4. ¿Has citado más de dos medidas correctoras para reducir los contaminantes atmosféricos estudiados?
5. ¿Qué puntuación, del 1 al 5, darías a tus fichas?

5 LA HIDROSFERA

EN ESTA UNIDAD VAS A APRENDER A...

- Describir las propiedades del agua.
- Reconocer la importancia del agua para los seres vivos.
- Conocer la distribución del agua en la Tierra.
- Interpretar el ciclo del agua.
- Valorar la importancia de la gestión sostenible del agua y de las actuaciones que potencian la reducción en el consumo y su reutilización.
- Comprender la importancia de preservar y no contaminar las aguas.
- Realizar una tarea de investigación.

bg1e0501

CONTENIDOS DE LA UNIDAD

1. El agua en la Tierra

Llamamos a nuestro planeta Tierra, aunque la mayor parte de su superficie es agua.

- *¿Sabes qué proporción de la superficie terrestre está ocupada por agua?*

2. Propiedades del agua

El agua es un líquido incoloro, inodoro e insípido.

- *Entonces, ¿por qué vemos el agua del mar de color azul?*

3. Importancia del agua para los seres vivos

Los árboles toman agua y sales minerales por las raíces.

- *¿Cómo consiguen conducir estas sustancias hacia las hojas, en contra de la gravedad?*

4. El ciclo del agua

La cantidad de agua que existe en la Tierra se mantiene prácticamente constante.

- *¿Siempre está en el mismo lugar y en el mismo estado?*

5. Usos y contaminación del agua

El agua es un bien preciado y escaso, pero muchas veces se contamina como consecuencia de nuestras actividades.

- *¿Cómo contaminamos las aguas?*

6. Limpieza del agua y salud

El agua que usamos en nuestros hogares se devuelve al medio natural.

- *¿Sabes qué se hace con ella antes de devolverla al río?*

Tarea de investigación

Consumo doméstico de agua

Aunque hay una gran cantidad de agua en la Tierra, la cantidad disponible para el ser humano es muy pequeña. Además, el reparto del agua es muy desigual en las diferentes regiones del mundo, e incluso en España.

Te proponemos investigar sobre la cantidad de agua que utilizáis en tu casa.

Elaborarás tablas y gráficas para comparar el gasto de agua en las distintas tareas. Además, buscarás información sobre las precipitaciones medias mensuales de tu Comunidad Autónoma, para intentar extraer conclusiones sobre el uso racional del agua y las formas de ahorro.

Por último, realizarás una memoria de esta tarea de investigación.

- *¿Qué importancia crees que tiene reducir el consumo y la contaminación del agua?*
- *¿Qué actuaciones personales y colectivas podemos llevar a cabo para ahorrar agua?*

- La Tierra es el único planeta del sistema solar que contiene agua en estado líquido.
- El agua está presente en la Tierra en tres estados: sólido, líquido y gaseoso.

1. EL AGUA EN LA TIERRA

Como has estudiado en las unidades anteriores, en el origen de la Tierra existía una gran actividad volcánica, debido al calor interno acumulado tras el impacto de los meteoritos. En ese periodo solo había agua en estado gaseoso.

Poco a poco la Tierra se fue enfriando hasta que, hace unos 4 000 millones de años, el vapor de agua se condensó y precipitó. Ello originó los mares y océanos primitivos.

1.1. La Tierra: agua en tres estados

Se denomina **hidrosfera** a la masa de agua que forma parte de la superficie terrestre, independientemente del estado físico en que se encuentre.

Aunque en el sistema solar hay otros planetas que tienen agua, la Tierra es el único en el que la encontramos en tres estados físicos: sólido, líquido y gaseoso.

- El **agua sólida** se encuentra en los polos y en los glaciares, en forma de nieve y hielo.
- El **agua líquida** se halla en océanos, mares, ríos, lagos y aguas subterráneas.
- El **agua en estado gaseoso** o vapor de agua está en la atmósfera.

El agua en la Tierra.

1 Indica en qué estados se presenta el agua en la imagen.

¿Por qué crees que no hay agua en estado líquido en todos los planetas del sistema solar?

Las dos características principales de la Tierra que permiten la existencia de agua líquida en su superficie son la composición de la atmósfera y la distancia al Sol.

El efecto invernadero natural reduce las oscilaciones de temperatura y amortigua las temperaturas extremas, evitando que el agua se evapore en exceso durante el día y que se enfríe demasiado por la noche.

2 ¿Cómo se formaron los mares y océanos primitivos?

3 ¿Cómo afecta la atmósfera a la existencia de agua líquida?

4 Busca información sobre el agua presente en otros planetas del sistema solar. ¿En qué estado se encuentra en cada uno de ellos?

5 ¿Cómo sería la temperatura de los primeros mares que cubrieron la Tierra? Justifica tu respuesta.

1.2. Distribución del agua en la Tierra

¿En cuál de los tres estados crees que es más abundante el agua en la Tierra?

Visto desde el espacio, el color de nuestro planeta es mayoritariamente azul. Casi el 75 % de la superficie está cubierta de agua líquida, pero no toda puede ser utilizada por los seres vivos. La mayor parte contiene demasiadas sales disueltas o bien, como ocurre con las aguas subterráneas o los glaciares, resulta difícilmente accesible.

Del total de **agua** presente en el planeta, el 97,5 % se halla en océanos y mares y, debido a su concentración de sales, no es apta para el consumo. Solo el 2,5 % es agua dulce.

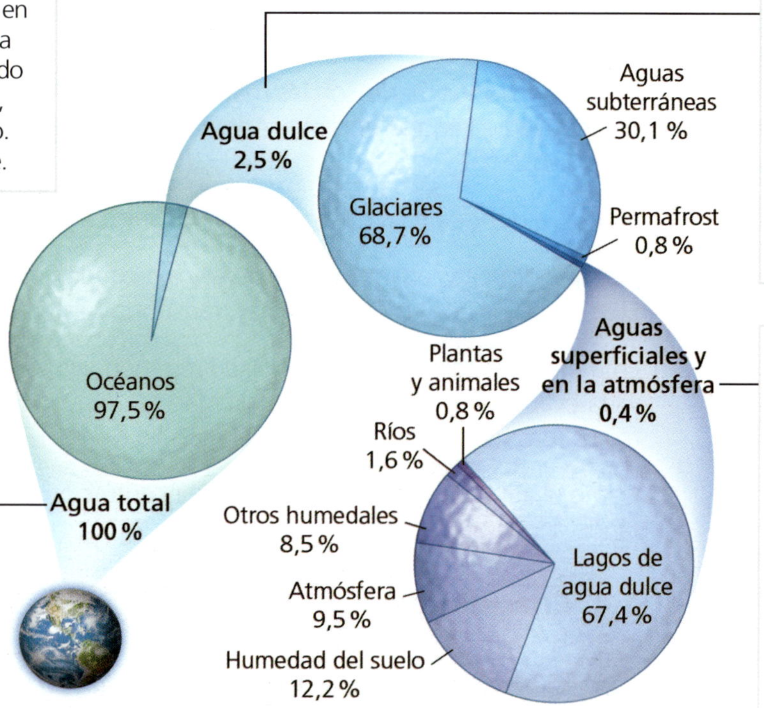

La mayor parte del **agua dulce** no se halla disponible, pues forma parte de los glaciares o de las aguas subterráneas. Una parte considerable permanece congelada en el suelo de las regiones muy frías, formando una capa llamada **permafrost.**

Solo el 0,4 % del agua dulce se encuentra disponible como **agua superficial y atmosférica.** De ella, la mayor parte se halla en lagos y humedales. Casi un 10 % del agua dulce disponible se encuentra en la atmósfera, por lo que su aprovechamiento depende de la lluvia y de su distribución en el planeta.

Distribución del agua en la Tierra.

6. Observando el esquema, ¿qué porcentaje del agua del planeta dirías que puede ser utilizada por los seres vivos?

Por otro lado, el agua dulce apta para el consumo humano no está repartida de manera uniforme en todo el planeta.

España se encuentra en una zona de humedad intermedia, entre el norte del continente africano, seco o incluso desértico en algunas zonas, y la Europa húmeda.

Además, dentro de nuestra geografía el reparto del agua también es desigual, tanto en los distintos períodos del año como entre las diferentes regiones. Así, en la zona norte se producen precipitaciones abundantes, por lo que la cantidad de agua disponible para el consumo es muy alta durante todo el año. En el resto del país, en cambio, las precipitaciones son menores, y en algunas regiones, como Murcia y parte de la Comunidad Valenciana, el agua escasea durante gran parte del año.

7. ¿Por qué piensas que en las provincias del norte de España existe mayor disponibilidad de recursos hídricos que en las del sur?

8. Si las precipitaciones en dos regiones diferentes son las mismas, ¿significa esto que las poblaciones de esas dos zonas dispondrán de la misma cantidad de agua? Razona tu respuesta.

9. Investiga por qué en la sierra de Grazalema, en la provincia de Cádiz, las precipitaciones son más abundantes que en muchas localidades del norte de España y escribe la razón en tu cuaderno.

1.3. El agua salada

El agua que forma mares, ríos y lagos no se encuentra en estado puro, sino que contiene sustancias disueltas, como sales. La **salinidad** es la concentración de sales que presenta el agua, y dependiendo de su valor decimos que el agua es salada o dulce. La salinidad de mares y océanos es notablemente mayor que la de las aguas continentales.

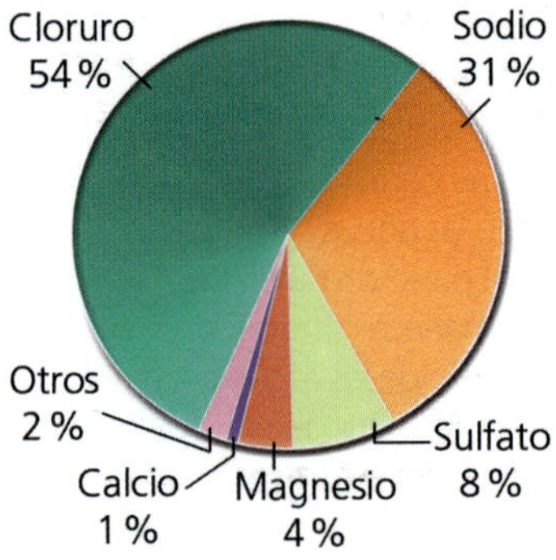

Porcentaje de sales marinas.

10 Si el total de las sales del mar es de 35 g/L, ¿cuántos gramos de cada sal hay en un litro de agua de mar?

El agua de los mares y océanos se denomina **agua salada** y presenta una salinidad media de 35 gramos de sales por cada litro de agua (35 g/L).

Los océanos y los mares son las mayores masas de agua de la Tierra y las que más contribuyen a regular el clima. Además, en ellos habitan numerosas especies de seres vivos.

¿De dónde crees que proceden las sales del mar?

Las sales disueltas en los mares y océanos proceden de las rocas de los continentes. El agua de los ríos las disuelve y las transporta hasta su desembocadura.

En mares casi cerrados, como el Mediterráneo, las escasas precipitaciones y la elevada evaporación hacen que la salinidad sea mayor. En cambio, esta es menor en mares más fríos y abiertos, como el mar del Norte.

Como el agua del mar se evapora, la concentración de sal en los mares va aumentando a lo largo del tiempo.

1.4. El agua dulce

Se considera **agua dulce** al agua cuya salinidad es igual o menor de 0,2 g/L.

El agua dulce se encuentra en los continentes en forma de hielo, en los glaciares, o en estado líquido, en las aguas subterráneas y superficiales.

1.4.1. Glaciares

Los glaciares son las mayores reservas de agua dulce de la Tierra. Se trata de enormes acumulaciones de hielo que pueden encontrarse tanto en las regiones polares como en las zonas de alta montaña. Así, existen dos tipos de glaciares:

Glaciares de casquete o polares
Forman enormes extensiones continentales, como en Groenlandia o la Antártida. Al romperse, quedan grandes bloques de hielo flotando sobre el agua, conocidos como **icebergs.**

Glaciares de valle o alpinos
Se forman en zonas de alta montaña. Se originan en el **circo,** zona alta del glaciar, y descienden lentamente, por la acción de la gravedad, en lo que se denomina **lengua.**

1.4.2. Aguas subterráneas

El agua subterránea constituye la segunda mayor reserva de agua dulce de la Tierra. Se encuentra bajo la superficie terrestre y se origina por la infiltración del agua de lluvia, de la procedente del deshielo o de las aguas superficiales. Se introduce en el interior de la tierra cuando el terreno está formado por rocas permeables, y se detiene cuando encuentra una capa impermeable.

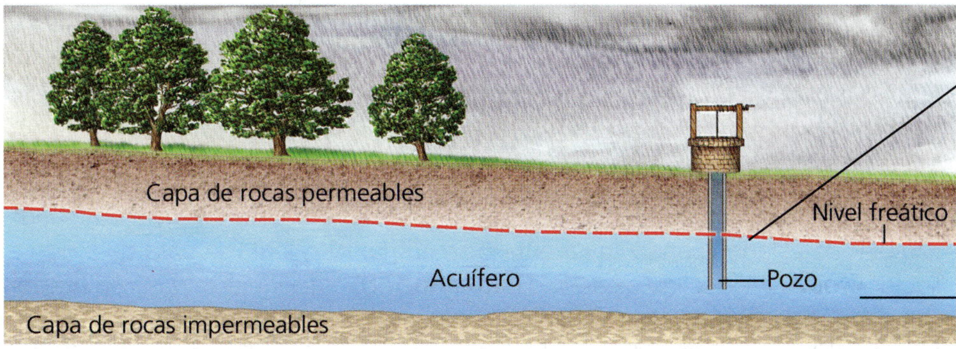

El nivel que alcanza el agua subterránea en el subsuelo se denomina **nivel freático.** En algunas circunstancias puede salir a la superficie y formar **fuentes naturales** o artificiales **(pozos).**

Dentro de la capa permeable, el agua puede acumularse en depósitos naturales subterráneos o **acuíferos.**

1.4.3. Aguas superficiales

Son las aguas dulces más escasas en el planeta. La mayor parte forma lagos, lagunas y humedales. El resto se encuentra en los ríos y torrentes.

Lagos y lagunas	Humedales	Ríos	Torrentes

Depósitos de agua estática que se acumulan en depresiones del terreno. Los lagos son de mayor extensión que las lagunas. Las acumulaciones artificiales de agua se denominan **embalses** o pantanos.	Zonas donde aflora el agua subterránea. Son poco profundos y albergan gran cantidad y diversidad de seres vivos. Suelen ser áreas de cría de muchas aves. Si se forman cerca de la costa se denominan **marismas.**	Corrientes de agua superficiales que discurren con un caudal más o menos estable en un cauce fijo. Se originan en zonas de montaña, desde las que el agua discurre hacia el mar ayudada por la gravedad.	Aguas superficiales que discurren por un cauce fijo. A diferencia de los ríos, el caudal de los torrentes depende de las épocas de lluvia o del deshielo de las montañas. El resto del tiempo, su caudal permanece seco.

11 ¿Dónde piensas que será mayor la salinidad de un río: en su nacimiento, en el tramo medio o en su desembocadura? Justifica tu respuesta.

12 Localiza y observa en un mapamundi el mar Mediterráneo y el mar del Norte y explica qué es un mar cerrado y qué es un mar abierto.

13 En el interior de algunas cuevas se puede encontrar agua, ¿cómo llega hasta ellas?

14 Contesta razonadamente a las siguientes cuestiones:

a) ¿Qué son las aguas subterráneas?

b) ¿Qué importancia tienen como reserva de agua dulce?

c) ¿Por qué el agua subterránea se desplaza a menor velocidad que el agua superficial?

d) ¿Puede salir el agua subterránea a la superficie?

Ideas claras

- La hidrosfera es el agua que existe en la superficie terrestre en cualquier estado.
- El 97,5 % del agua total es líquida y salada. El agua dulce se reparte entre glaciares, aguas subterráneas y aguas superficiales.

- El agua es la única sustancia que puede presentarse en la naturaleza en estado sólido, líquido y gaseoso.

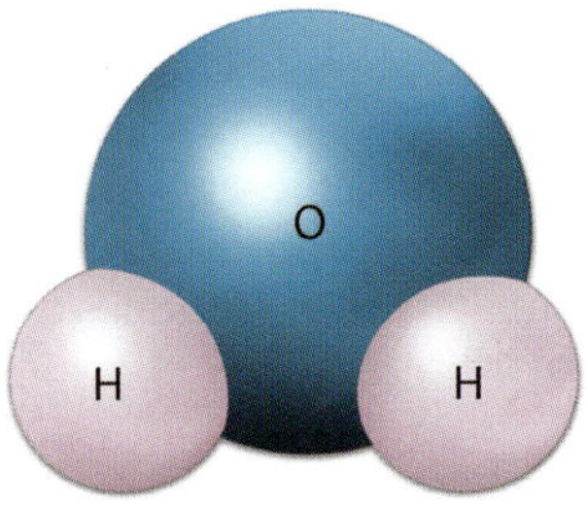

Molécula de agua.

2. PROPIEDADES DEL AGUA

El **agua** es una molécula formada por la combinación de dos átomos de hidrógeno y uno de oxígeno (H_2O).

Esta sustancia, tan importante en nuestro planeta, posee una serie de propiedades específicas.

- El agua pura líquida es una sustancia **incolora, inodora e insípida.** Es decir, no tiene color; es transparente, y tampoco posee olor ni sabor por sí misma. Sin embargo, en la naturaleza no es frecuente encontrar agua pura, sino con sustancias disueltas en ella.
- A temperatura ambiente, el agua es **líquida.** Pero, como otras sustancias, puede cambiar de estado cuando se calienta o se enfría. Al calentarse pasa de sólido a líquido **(fusión),** de sólido a gaseoso **(sublimación)** o de líquido a gaseoso **(vaporización).** Cuando se enfría, el vapor de agua (gas) puede pasar a estado líquido **(condensación)** o sólido **(sublimación inversa).** El líquido al enfriarse pasa a estado sólido **(solidificación).**

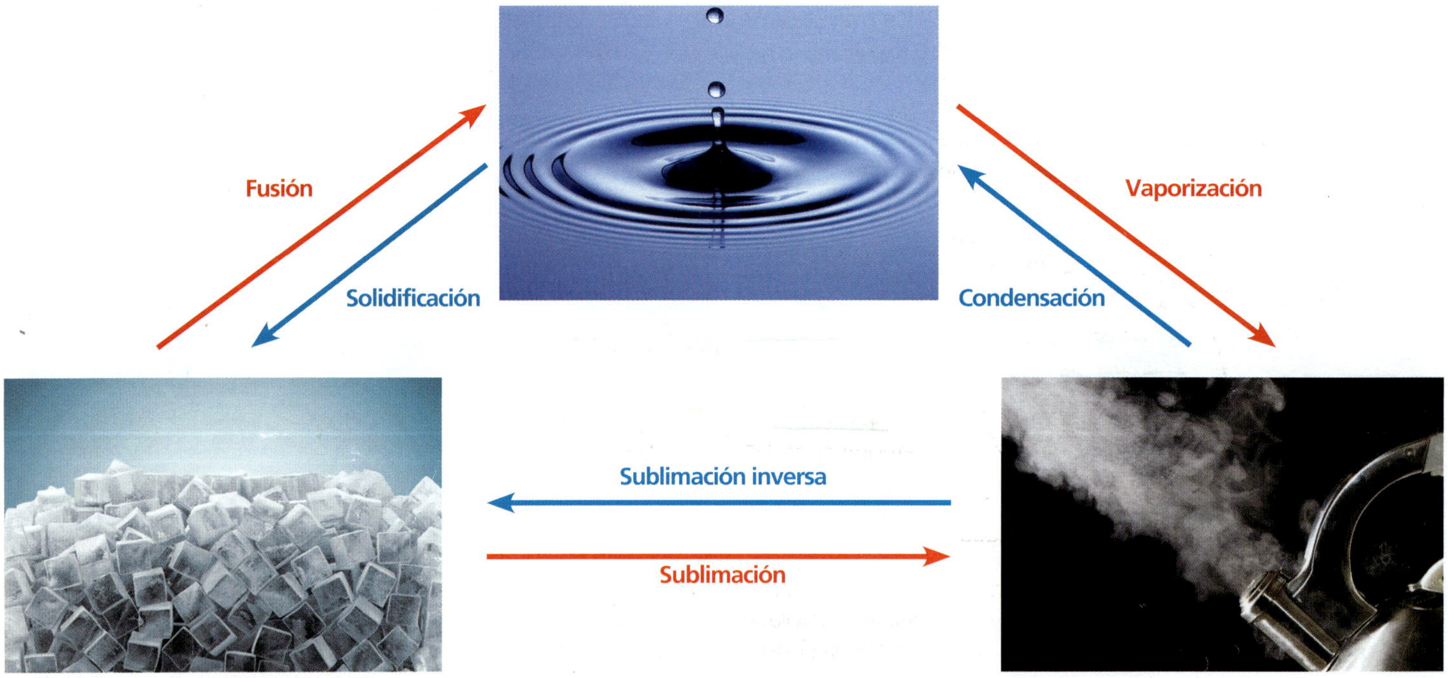

Cambios de estado del agua.

- Se denomina **punto de fusión** del agua a la temperatura a la que esta pasa del estado sólido al líquido. Su valor es de **0 °C.**
- Se llama **punto de ebullición** del agua a la temperatura a la que el agua líquida se empieza a convertir en vapor de agua. Esto ocurre a los **100 °C.**

Hace falta más frío para congelar el agua del mar que para congelar la de un río. ¿Sabes por qué?

Cuando el agua presenta sustancias disueltas, algunas de sus propiedades cambian. Así ocurre con el punto de fusión. Dependiendo de la concentración de sales, el agua puede congelarse a una temperatura de entre 0 y –3 °C. A mayor concentración de sales, menor es la temperatura necesaria para congelar el agua.

15 ¿Qué cambios de estado se deben al aumento de la temperatura? ¿Cuáles están causados por el descenso de la temperatura?

16 ¿Qué se congelará a mayor temperatura, el agua de un río o la de un océano? Razona tu respuesta.

2.1. Otras propiedades del agua

- A diferencia del resto de sustancias, **la densidad del agua es menor en estado sólido que en estado líquido.** Esto es así porque el agua sólida tiene mayor volumen, y la densidad, como recordarás, es la relación entre la masa y el volumen de una sustancia (densidad = = masa/volumen). A esta propiedad se debe que el hielo flote sobre el agua líquida.
- El agua se conoce como el **disolvente universal,** porque es capaz de disolver una gran cantidad de sustancias. Las sustancias disueltas en el agua pueden separarse mediante un proceso físico llamado destilación, y obtener así agua destilada o agua pura.
- El agua tiene una **elevada capacidad térmica,** es decir, se necesita mucha energía para aumentar su temperatura 1 °C. Por eso se calienta y se enfría lentamente, lo que la convierte en un **buen regulador térmico.**

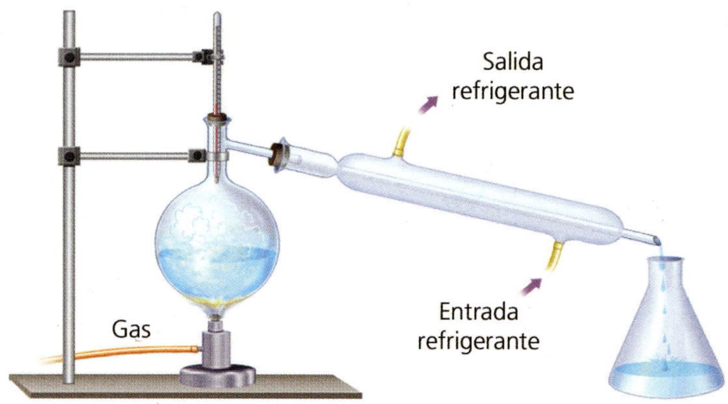

Destilación del agua.

17 Busca información sobre la destilación. Con ayuda de la información y el dibujo, explica cómo se obtiene agua destilada.

- El agua **participa en numerosas reacciones químicas.** Sus moléculas pueden unirse con otras diferentes y también con otras moléculas de agua.
- Las moléculas de agua presentan una **alta capacidad de adhesión** entre ellas y con otras sustancias. Esta característica es fundamental para algunas de sus propiedades, como la capilaridad, la incompresibilidad y la tensión superficial.

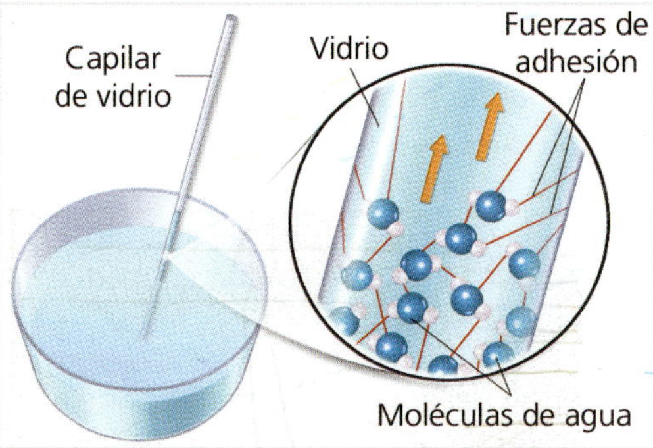

La **capilaridad** es la capacidad del agua para ascender, en contra de la gravedad, por el interior de tubos de diámetro estrecho.

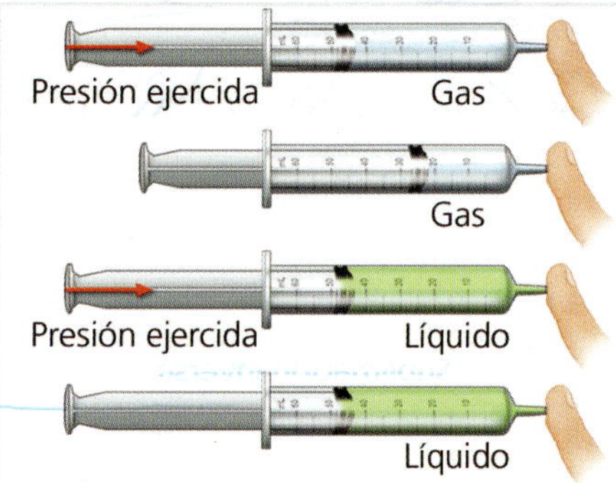

El agua en estado líquido es **incompresible,** es decir, puede soportar fuertes presiones y no comprimirse.

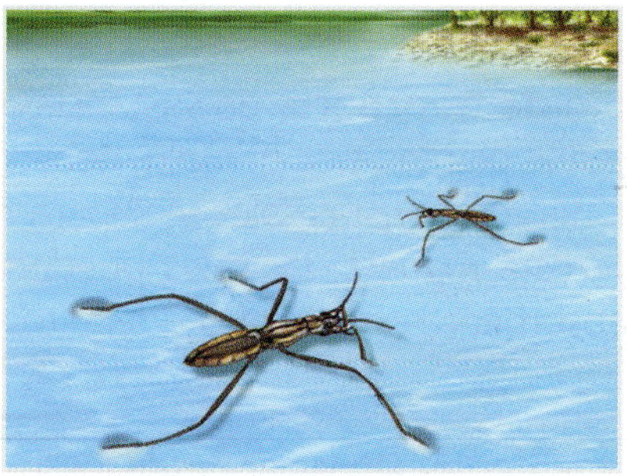

En la superficie del agua se genera una fuerte tensión o **tensión superficial.** Esta tensión permite que cuerpos ligeros, como pequeños insectos, puedan desplazarse sobre ella.

18 ¿El agua que bebemos es agua pura? Busca información y razona si puede existir algún lugar en la naturaleza donde exista agua pura.

19 ¿Por qué el agua no se hunde al congelarse? ¿Ocurre lo mismo con el resto de sustancias líquidas cuando pasan al estado sólido?

Ideas claras

- El agua es una sustancia incolora, inodora e insípida.
- El agua se encuentra en estado líquido a temperatura ambiente.
- El agua es menos densa en estado sólido que en estado líquido.
- El agua es un disolvente universal, un regulador térmico, participa en muchas reacciones químicas y posee una alta capacidad de adhesión.

- El agua es imprescindible para la vida y forma parte del cuerpo de todos los seres vivos.

3. IMPORTANCIA DEL AGUA PARA LOS SERES VIVOS

Las propiedades del agua la convierten en un elemento fundamental para el desarrollo de la vida. Existe relación entre vida y agua desde el origen de las primeras células, que surgieron en el medio acuático. Además, es el componente mayoritario de los seres vivos: en algunos constituye más del 90 % de su peso, y todos necesitan incorporarla a su dieta.

Algunas propiedades del agua son fundamentales para comprender su importancia para los seres vivos: su máxima densidad en estado líquido, su poder disolvente, su elevada capacidad térmica y su alta capacidad de adhesión.

3.1. La vida bajo el hielo

¿Te has preguntado alguna vez cómo puede haber peces en un lago helado?

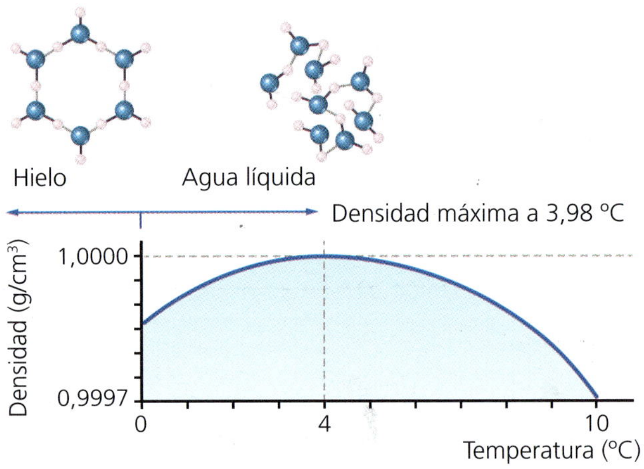

Evolución de la densidad del agua con la temperatura.

Normalmente, las partículas que forman los cuerpos sólidos se atraen con más fuerza que las que constituyen los líquidos. Esta mayor atracción hace que en los sólidos las partículas se junten más, de modo que se concentran más partículas en un mismo volumen. Por eso los sólidos suelen ser más densos que los líquidos y se hunden en ellos.

Pero hay excepciones, como el agua. Sus moléculas están más separadas cuando forman hielo que cuando forman agua líquida. Al estar más separadas, caben menos moléculas en el mismo volumen: **el hielo es menos denso que el agua líquida.** Por eso los hielos flotan en el agua.

Gracias a esta característica del agua, sigue existiendo vida en los lagos y ríos que se congelan durante el invierno, así como bajo los hielos del Ártico. Cuando el agua se halla a 4 °C presenta su máxima densidad, es decir, es cuando sus moléculas están más juntas. Por esta razón, el agua a 4 °C siempre se hundirá en una masa de agua que se encuentre a otra temperatura, ya sea más alta o más baja.

En los climas fríos, al llegar a los 0 °C, la superficie del agua comienza a congelarse. La capa de hielo que se forma es menos densa que el agua líquida que hay debajo, y por eso flota sobre ella. Además, la capa de hielo aísla del frío esa zona inferior, que se mantiene a 4 °C y, por tanto, en estado líquido.

3.2. El disolvente universal

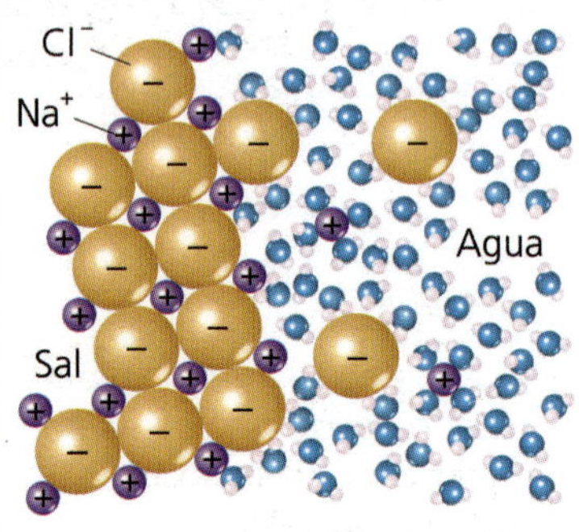

Disolución de la sal.

20 A partir de la imagen, explica cómo se disuelve la sal en el agua.

El agua es para los seres vivos un excelente **medio de transporte** de sustancias, además de un vehículo de absorción de nutrientes. Las plantas, por ejemplo, deben absorber las sales minerales del suelo. Los componentes de estas sales se separan en presencia del agua y se disuelven en ella. De esta manera, las sales pueden introducirse en la planta a través de los pelos absorbentes, al tiempo que estos absorben el líquido.

Tanto en las plantas como en los animales, los nutrientes deben viajar desde los lugares donde se toman hasta todas las células del organismo. Disueltos en el agua, su transporte es más fácil. Lo mismo ocurre con las sustancias de desecho que producen las células y que deben ser eliminadas por el organismo.

Otra consecuencia de que el agua sea un buen disolvente es que contiene **oxígeno disuelto,** lo que permite respirar a los animales acuáticos.

3.3. Regulador de la temperatura

A diferencia de lo que ocurre con la tierra o el aire, para calentar o enfriar el agua necesitamos aumentar o disminuir mucho la temperatura. De ahí que las regiones costeras disfruten de temperaturas más suaves que las del interior.

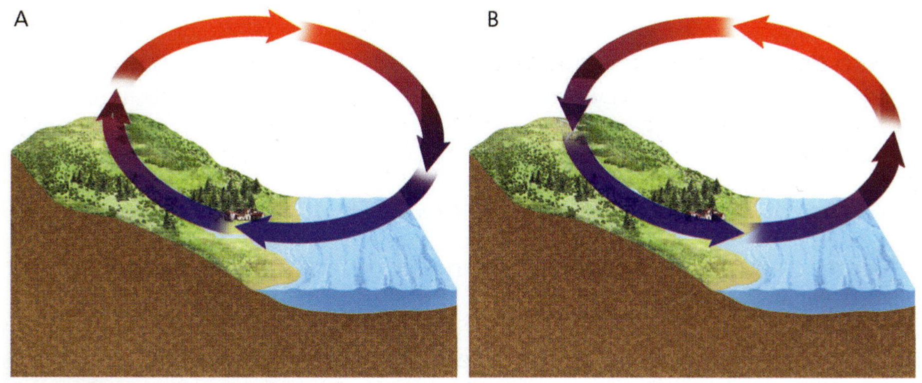

El agua regula la temperatura.

21 Sabiendo que el aire caliente tiende a subir y el aire frío a bajar, y aplicando lo aprendido sobre la diferencia de temperatura entre el agua y la tierra, ¿cuál de las dos imágenes representa la brisa marina durante el día?

Este proceso, además de influir en el clima del lugar donde habitan los seres vivos, es aprovechado por algunos de ellos para regular su propia temperatura. Por ejemplo, el sudor depositado sobre la piel se evapora gracias al calor del cuerpo. De esta manera, el cuerpo pierde parte de su calor al evaporar el sudor. Así, su temperatura no se eleva en exceso.

3.4. Alta capacidad de adhesión

Cuando introducimos una flor blanca en un recipiente con agua coloreada, observamos que, al cabo de un tiempo, los pétalos adquieren el mismo tono que el agua del recipiente.

El mecanismo por el que se colorean los pétalos es el mismo que permite a las plantas tomar sales minerales del suelo. ¿Sabes en qué consiste?

La **fuerza de adhesión** de las moléculas de agua permite que esta, junto con las sustancias disueltas en ella, ascienda a través de tubos o vasos de diámetro muy fino. Gracias a este mecanismo, llamado **capilaridad,** el agua y las sales minerales pueden ir desde las raíces hasta las hojas más altas de los árboles a través de los finos vasos conductores que existen en su interior.

Adhesión de las moléculas de agua y capilaridad en las plantas.

Por otro lado, la elevada capacidad de adhesión de las moléculas de agua y su incompresibilidad le permiten funcionar como esqueleto de algunos animales (esqueleto hidrostático), y hace que las plantas se mantengan turgentes.

22 ¿Qué ventaja supone para los seres vivos que el agua sea más densa a 4 °C que a 0 °C?

23 ¿Qué ventajas tiene la sudoración para los animales?

24 Busca y escribe en tu cuaderno el significado de la palabra *turgencia*.

25 ¿Qué utilidad tiene para los seres vivos la capacidad de adhesión del agua?

Ideas claras

- El agua es una molécula esencial para la vida.
- Las propiedades del agua permiten que los seres vivos puedan realizar muchas de sus funciones.

- El agua cambia de estado cuando se calienta o se enfría.

4. EL CICLO DEL AGUA

El agua se encuentra en la Tierra en tres estados distintos, pero no permanece estable en cada uno de ellos, ni tampoco encontramos siempre la misma cantidad de agua en un lugar. A lo largo del tiempo, se desplaza por la atmósfera y la superficie terrestre, al tiempo que cambia de estado debido a las variaciones de temperatura.

El **ciclo del agua** o ciclo hidrológico es el conjunto de procesos que permiten al agua cambiar de estado y circular entre la atmósfera y la superficie terrestre describiendo un movimiento cíclico.

¿Sabes cómo funciona el ciclo del agua? ¿De dónde saca la energía?

Las fuentes de energía que actúan como motor de este proceso cíclico son el Sol y la fuerza de la gravedad.

- **El Sol hace posibles los cambios de estado** al suministrar calor al agua. Así se produce la evaporación del agua de los mares, océanos y de las aguas superficiales continentales, que pone en marcha el ciclo del agua.
- **La fuerza de la gravedad provoca las precipitaciones,** que devuelven el agua a la superficie terrestre. Esta fuerza también es la responsable del movimiento del agua desde los continentes hasta los océanos.

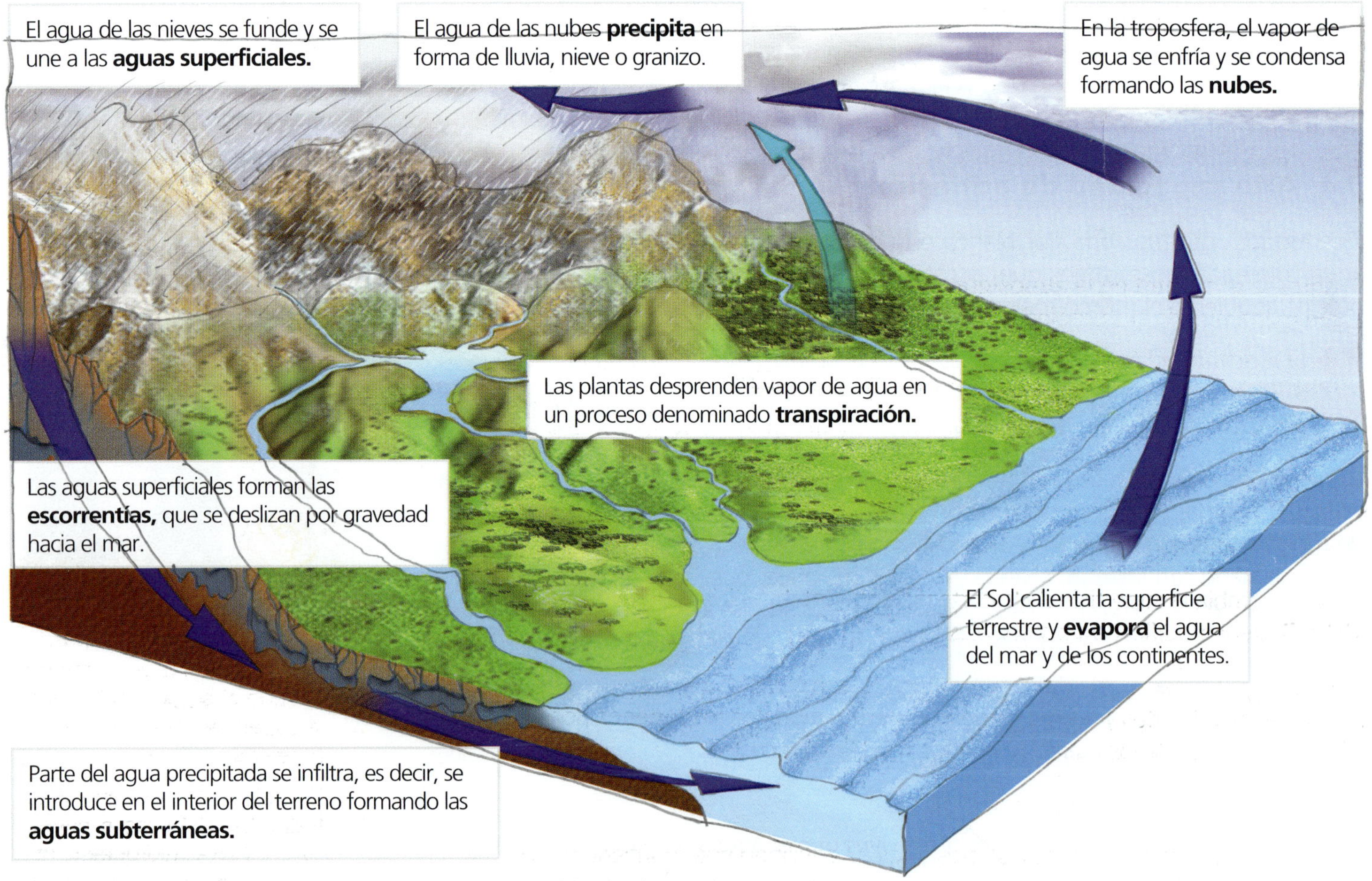

Ciclo del agua.

26 ¿Cómo se originan las aguas subterráneas?

27 Si las plantas necesitan agua, ¿por qué la eliminan en la transpiración?

4.1. Consecuencias del ciclo del agua

La vida tal y como la conocemos sería impensable si no existiera el ciclo del agua. Gracias a él interactúan todas las capas de la Tierra: la atmósfera, la geosfera, la biosfera y la hidrosfera. La conexión entre todas ellas mantiene el equilibrio que permite a nuestro planeta albergar vida.

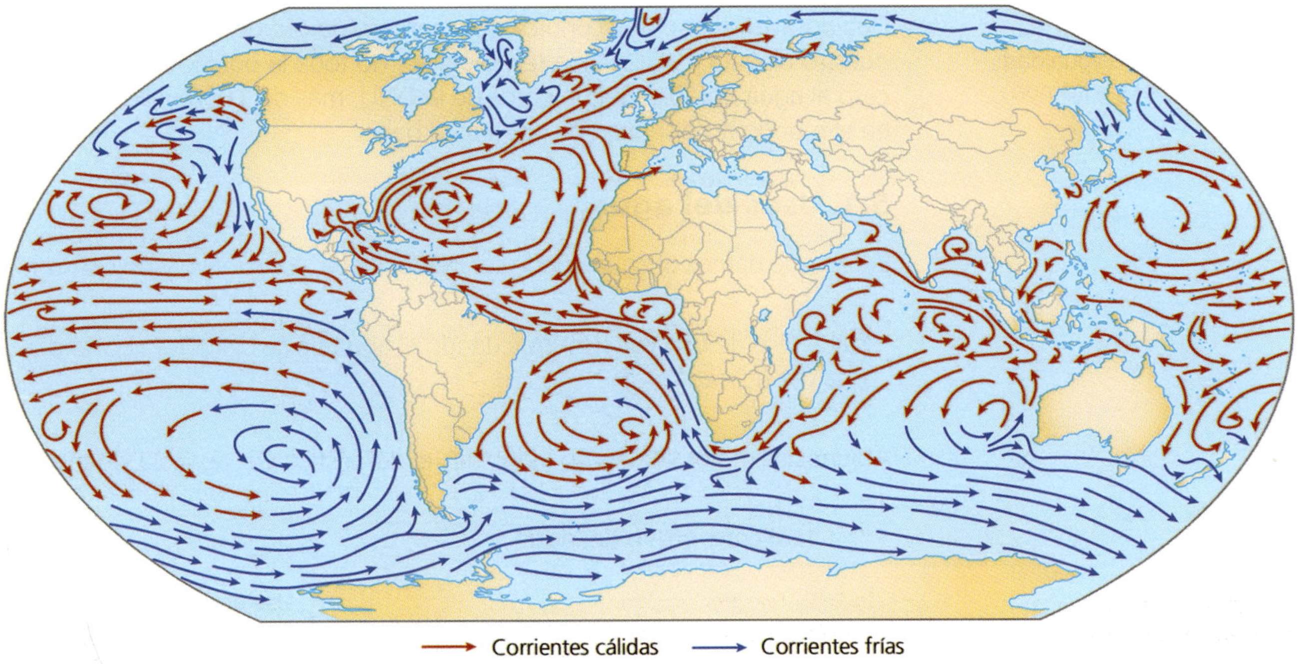

Corrientes superficiales marinas.

28 Busca información sobre los fenómenos de El Niño y La Niña e indica su relación con el ciclo del agua.

4.1.1. El ciclo del agua y la atmósfera

El agua se encuentra en la atmósfera en forma de vapor. Aun en estado gaseoso, sigue manteniendo sus propiedades. Por ello, cuando en la atmósfera se concentra mucho vapor de agua **la temperatura se mantiene más constante,** y no se producen grandes variaciones entre la máxima y la mínima.

Las **precipitaciones** también dependen de la cantidad de vapor de agua que haya en un lugar. No obstante, el sitio donde el agua se evapora no suele coincidir con aquel en el que precipita. La causa de ello son las corrientes de aire.

4.1.2. El ciclo del agua y la geosfera

El agua cambia la superficie de la corteza continental participando en el modelado del **relieve** y modificando los paisajes terrestres.

Esta acción la lleva a cabo de distintas formas: el hielo rompe y arrastra rocas en la alta montaña, los ríos y las aguas de escorrentía modelan los terrenos por los que fluyen, y el agua de los mares y océanos modifica las costas.

4.1.3. El ciclo del agua y la biosfera

El agua es imprescindible para los seres vivos. El equilibrio que mantiene el ciclo del agua en los ecosistemas terrestres puede ser alterado por la acción humana. El agua no es un recurso inagotable, y debemos usarla de forma racional y controlada.

Cualquier alteración del ciclo del agua puede provocar modificaciones en el clima o el paisaje, y afectar a muchos seres vivos.

29 ¿Qué elementos constituyen el motor del ciclo del agua? ¿Cómo actúan?

30 Explica la relación entre hidrosfera, atmósfera, geosfera y biosfera.

Ideas claras

- El ciclo del agua es el conjunto de procesos que ocurren cuando el agua circula entre la superficie terrestre y la atmósfera.
- El ciclo del agua relaciona todos los sistemas o capas de la Tierra: hidrosfera, atmósfera, geosfera y biosfera.
- El ciclo del agua influye en el clima del planeta y en la formación del relieve.

- La cantidad de agua disponible para los seres vivos es inferior al 0,1 %.
- El agua relaciona los sistemas terrestres: hidrosfera, atmósfera, geosfera y biosfera.

[1]**brecha tecnológica:** desigualdad en el acceso a Internet y a las nuevas tecnologías.

5. USOS Y CONTAMINACIÓN DEL AGUA

¿Dirías que el agua es un recurso ilimitado?

El agua dulce es un tesoro imprescindible para la vida, pero el ser humano solo tiene acceso a una pequeña parte. De ahí que, históricamente, los asentamientos humanos se hayan situado en lugares próximos a ríos y fuentes.

Debido a las diferentes condiciones meteorológicas de las distintas regiones de nuestro planeta y a la brecha tecnológica[1], no toda la población mundial tiene acceso al agua potable. Según datos de la ONU, más de 1 000 millones de personas en el mundo no disponen de agua para beber.

5.1. Usos del agua

El uso que damos al agua puede ser de dos tipos: consuntivo y no consuntivo.

Hablamos de **uso consuntivo** cuando el agua no se devuelve al ciclo del agua una vez utilizada.

Algunos ejemplos son el uso industrial, el doméstico y el agrícola y ganadero.

Uso consuntivo del agua

Uso industrial
En España supone un **9 %** del total del uso consuntivo. La industria requiere agua como materia prima para elaborar productos, como refrigerante de máquinas o para la limpieza. Por ejemplo, se necesita más de un litro de agua para fabricar esta hoja de papel.

Uso agrícola y ganadero
Supone el **79 %** de este tipo de consumo. Este uso abarca actividades encaminadas a la producción de plantas y la cría de ganado. Para producir un kilo de patatas necesitamos 500 L de agua; para un kilo de pollo, 3500 L, y para un kilo de ternera, 15000 L.

Uso doméstico
Representa, aproximadamente, el **12 %** del total del uso de agua no reutilizable. En este apartado se incluye el suministro para el aseo personal, la bebida, la cocina y la limpieza doméstica y urbana.

El porcentaje de este uso está disminuyendo en algunos países desarrollados, que empiezan a tomar conciencia de la necesidad de ahorrar agua.

Actividad	Litros	Actividad	Litros
Lavar el coche	300	Llenar la bañera	200
Lavar los platos a mano	15	Ducha rápida	80
Lavavajillas	18	Tirar de la cisterna	10
Lavadora	62	Grifo abierto 1 minuto	12
Regar las plantas (m^2)	10	Grifo goteando 1 día	30
Bebida (persona/día)	1,5	Limpieza de la casa	10

Otras veces, el agua se utiliza y luego se devuelve al ciclo sin que su calidad se altere de forma significativa. Hablamos entonces de **uso no consuntivo** del agua.

Ejemplos de usos no consuntivos son las actividades recreativas y de ocio (piscinas, parques acuáticos), el transporte y la obtención de energía hidroeléctrica.

El agua es un recurso fundamental constantemente amenazado por la contaminación, la sobreexplotación y el despilfarro que hacemos de ella. Una **gestión sostenible** del agua debe contemplar medidas que garanticen un uso racional sin poner en peligro su disponibilidad para las generaciones futuras.

31 ¿Cómo ha influido el agua en la distribución de las poblaciones humanas?

32 Busca información sobre las medidas que se pueden llevar a cabo para hacer un uso sostenible del agua dulce.

5.2. Contaminación del agua

Se define como **contaminación del agua** cualquier alteración de su composición que la hace inadecuada para el uso al que se destina.

Según datos de la ONU, entre 1,5 y 2 millones de niños menores de 5 años mueren cada año en el mundo por enfermedades relacionadas con el consumo de agua contaminada.

Para medir la calidad del agua se tienen en cuenta distintos factores. Entre ellos destacan la temperatura, la cantidad de oxígeno (O_2) disuelto, la presencia de ciertos microorganismos, el color, el sabor o el olor.

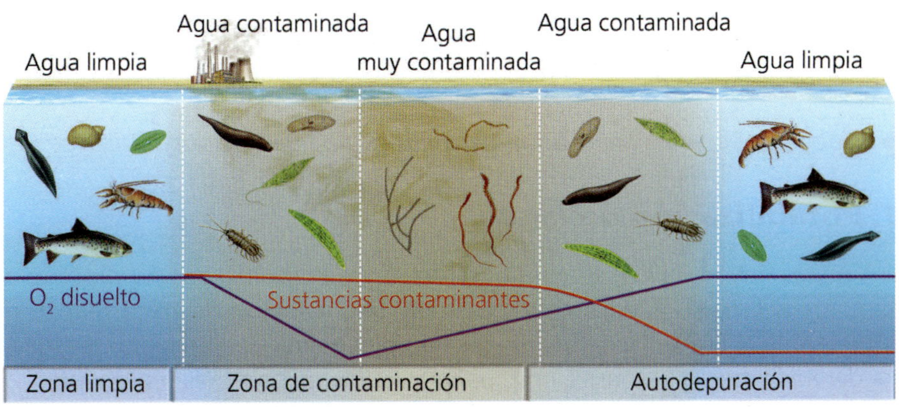

Indicadores de la calidad del agua.

33 La presencia de algunos seres vivos en el agua o la cantidad de oxígeno disuelto nos indican su nivel de contaminación. ¿Cómo varía la cantidad de oxígeno disuelto en el agua según lo contaminada que esté?

La contaminación del agua puede afectar a todo el ciclo hidrológico. Los mares y océanos se ven perjudicados porque las aguas superficiales contaminadas desembocan en ellos, y también por las mareas negras que causan los vertidos de petróleo.

¿Podrías citar algunas actividades humanas que contaminan el agua?

Las principales fuentes de contaminación del agua superficial proceden directamente del uso consuntivo.

- **Contaminación por la agricultura y ganadería.** Se debe al uso de herbicidas, pesticidas y abonos, así como a la gran cantidad de residuos orgánicos que genera la ganadería y que contaminan el suelo. Las aguas de escorrentía arrastran estos contaminantes, que también pueden infiltrarse en los acuíferos con las lluvias.
- **Contaminación doméstica.** Las aguas contaminadas por el uso doméstico también se denominan **aguas residuales.** Estas poseen gran cantidad de materia orgánica y detergentes. Cuando llegan a las aguas superficiales, estos contaminantes favorecen la proliferación de microorganismos que consumen mucho oxígeno. Esto impide el crecimiento de seres vivos propios del lugar. Este fenómeno se denomina **eutrofización.**
- **Contaminación industrial.** Las aguas superficiales y subterráneas también pueden verse afectadas por los vertidos procedentes de las industrias y las minas. Muchos metales tóxicos terminan contaminando las aguas. Igualmente, el agua utilizada por las industrias para enfriar las máquinas, que alcanza temperaturas muy altas en ese proceso, se devuelve a los ríos todavía caliente y provoca la muerte de muchos seres vivos.

34 ¿Por qué tenemos que evitar contaminar las aguas?

35 Enumera los usos que haces del agua potable en casa. Indica en cuáles se genera contaminación y en cuáles no.

Ideas claras

- Al agua se le puede dar un uso no consuntivo, si después de usarla no se puede devolver al ciclo, o un uso consuntivo, si no se altera y puede ser devuelta al ciclo después de utilizarla.
- La contaminación del agua se debe a la variación de su composición y su calidad, lo que impide que se pueda volver a utilizar para el mismo uso.

- Todos los seres vivos necesitamos agua para vivir.
- El agua es el componente mayoritario de los seres vivos.

6. LIMPIEZA DEL AGUA Y SALUD

El consumo de agua de buena calidad es esencial para nuestra salud. Los habitantes de muchas regiones del mundo, sobre todo en los países en vías de desarrollo, no tienen acceso al agua potable y las aguas a las que vierten los residuos son las mismas que usan para beber. Esto provoca muchas enfermedades graves, algunas causadas por bacterias, como el cólera o la fiebre tifoidea, y otras por protozoos, como la amebiasis que produce dolor abdominal y diarrea.

También hay enfermedades causadas indirectamente por las aguas en mal estado, como la malaria. Esta grave enfermedad es provocada por un protozoo que se transmite por el mosquito *Anopheles,* cuyas larvas crecen en aguas estancadas.

Pero las enfermedades causadas por aguas contaminadas también se dan en los países desarrollados. La acumulación de metales pesados en ríos, acuíferos, mares y océanos puede provocar lesiones cerebrales, daños en otros órganos del cuerpo, o incluso la muerte, según el metal de que se trate y su concentración en el agua.

¿Sabes cómo se limpia el agua para que podamos consumirla sin riesgos?

6.1. Potabilización del agua

En los países desarrollados, el agua que llega a los consumidores no procede directamente del medio natural. Antes pasa por una **estación de tratamiento de agua potable (ETAP),** donde se somete a un proceso de potabilización. La mayor parte del agua que se potabiliza en España proviene de las aguas superficiales.

La **potabilización** es el proceso mediante el cual el agua es tratada y transformada para que sea apta para el consumo humano.

1. Una vez captada, el agua pasa por unas **rejas** y unos **filtros,** que retienen las partículas sólidas de mayor tamaño.

4. Después se lleva a cabo la **desinfección** del agua con radiación ultravioleta o cloro, y se almacena en depósitos para ser distribuida.

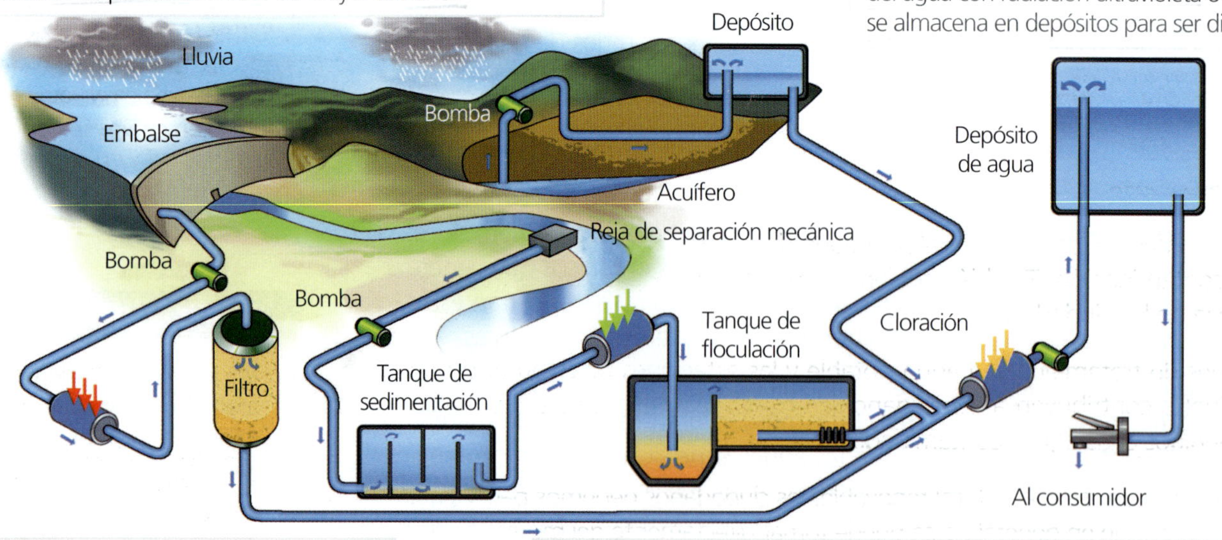

2. El agua es conducida a unos **tanques de sedimentación,** para que las partículas más pequeñas puedan depositarse.

3. Al agua recogida se le añaden unas sustancias llamadas **floculantes,** que se usan para aglutinar partículas. Así se arrastran al fondo las impurezas más pequeñas. Luego, se vuelve a filtrar el agua para eliminar el resto de impurezas.

Proceso de potabilización del agua.

36 Indica qué procesos se realizan en las siguientes partes indicadas en el esquema: reja de separación mecánica, filtro, tanque de sedimentación y tanque de floculación.

6.2. Depuración del agua

Las aguas que ya han sido utilizadas por el ser humano, llamadas también **aguas residuales,** contienen materia orgánica y productos químicos diversos resultantes de nuestras actividades.

Antes de devolverlas al medio natural, deben ser tratadas mediante un proceso de depuración, que se lleva a cabo en las **estaciones depuradoras de aguas residuales (EDAR).** De este modo intentamos preservar la naturaleza y garantizamos la continuidad del ciclo del agua.

La **depuración** es el proceso al que se someten las aguas residuales para eliminar las sustancias tóxicas o peligrosas para el medio ambiente.

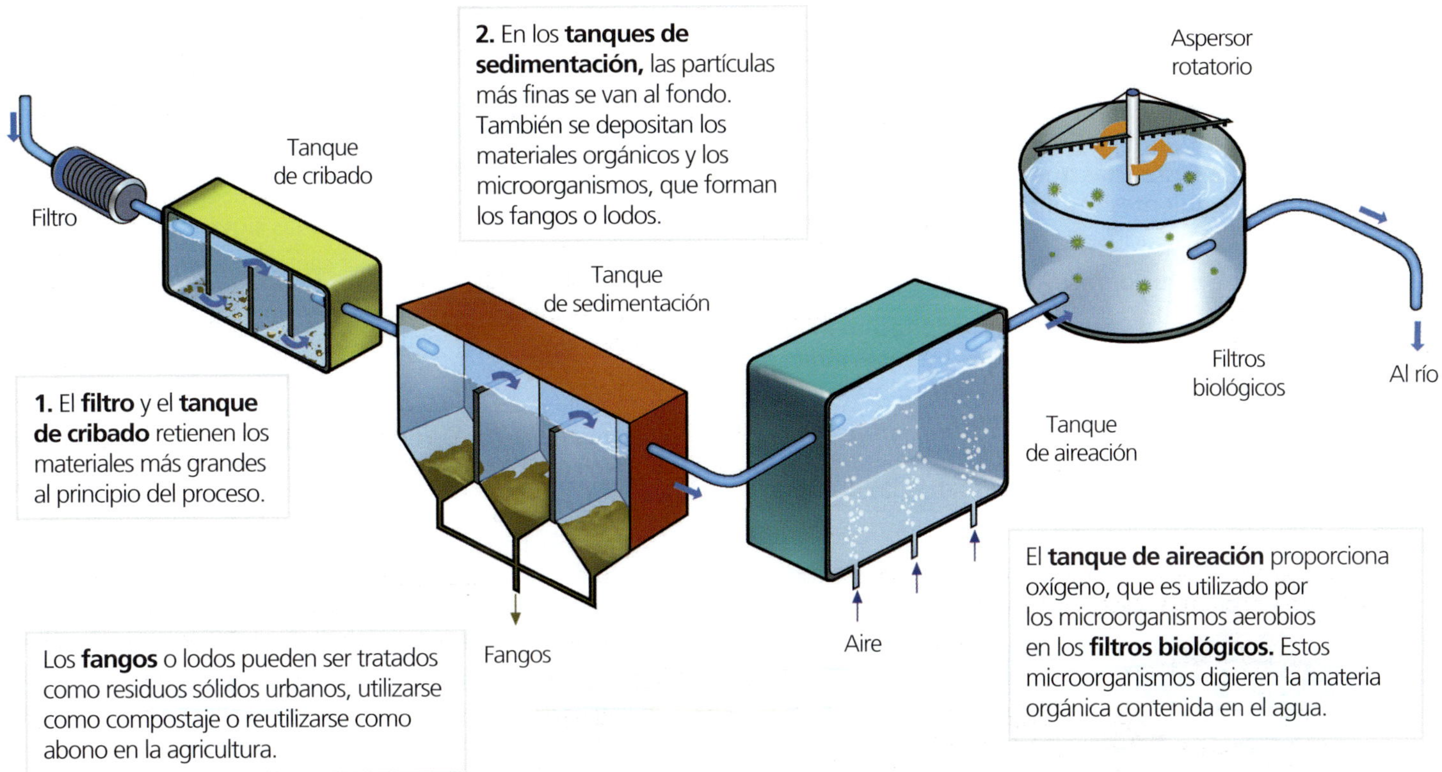

Proceso de depuración.

Una vez depuradas, las aguas residuales pueden devolverse al medio sin que exista peligro de contaminación. También suelen usarse para regar parques y jardines o en la limpieza de las ciudades.

Las estaciones de tratamiento de agua potable y las estaciones de depuración de aguas residuales contribuyen a evitar daños en nuestro organismo y en el medio ambiente debidos a las aguas contaminadas.

Aunque el agua es un recurso natural renovable, los ciudadanos debemos pagar para poder utilizarla, ya que en general no se puede tomar directamente del medio.

37. Indica la diferencia entre potabilizar y depurar. ¿Por qué el agua depurada no puede beberse?

38. Busca información sobre las EDAR existentes en tu provincia.

39. ¿Qué podemos hacer para que las aguas residuales de nuestra casa tengan menos contaminantes?

Ideas claras

- Las aguas contaminadas pueden provocar problemas de salud.
- La potabilización del agua es el tratamiento que la hace apta para el consumo humano.
- La depuración de las aguas residuales elimina los contaminantes antes de devolver el agua a la naturaleza.

El agua en la Tierra

40 ¿Qué se entiende por hidrosfera?

41 De cada millón de litros de agua presente en el planeta:

a) ¿Cuántos litros corresponden a mares y océanos?

b) ¿Cuántos a aguas subterráneas?

c) ¿Cuántos a glaciares?

d) ¿Cuántos a los lagos de agua dulce?

42 ¿Cuáles son las principales características de la Tierra que permiten la existencia de agua líquida?

43 ¿Por qué no había océanos al comienzo de la existencia de la Tierra?

44 Juan tiene tres muestras de un litro de agua cuyo origen desconoce. Solo le han dicho que proceden de un glaciar, del océano y de un río. Las calienta en diferentes recipientes hasta que se evaporan. Después, pesa las sustancias que no se han evaporado y obtiene los siguientes resultados:

Muestra 1: 35 g Muestra 2: 0,2 g Muestra 3: 0 g

¿De dónde crees que proviene cada muestra?

45 El mapa siguiente representa la precipitación media anual en España. Los colores azules intensos indican que la precipitación es elevada. Los colores claros representan precipitaciones escasas.

¿Cómo piensas que es la disponibilidad de agua en tu Comunidad Autónoma? ¿Depende solo de las precipitaciones?

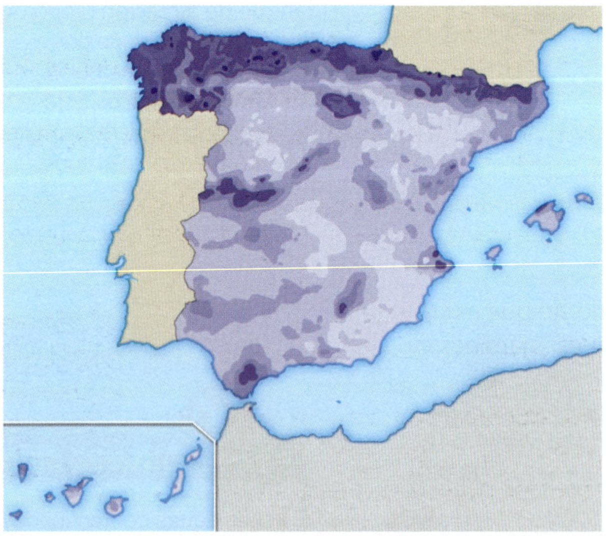

46 ¿Dónde se encuentra la mayor cantidad de agua en la Tierra? ¿Está disponible para el consumo humano? Justifica tu respuesta.

47 Realiza un diagrama de sectores en el que se representen los datos de distribución del agua dulce en la Tierra.

48 Investiga sobre la intrusión marina en el agua subterránea. ¿A qué se debe este fenómeno? ¿Qué consecuencias tiene?

Propiedades del agua

49 En el experimento que muestra la imagen se ha pasado agua coloreada de un recipiente a otro. ¿Qué propiedad del agua se pone de manifiesto en esta experiencia?

50 Francisco y María tienen dos recipientes exactamente iguales. Uno lo llenan de arena y el otro, de agua. Colocan ambos al sol e introducen un termómetro en cada uno. Responde a las siguientes cuestiones:

a) ¿A cuál le llega mayor cantidad de energía solar?

b) ¿En cuál de los dos crees que subirá más la temperatura?

c) ¿Qué propiedad del agua has tenido en cuenta para contestar la pregunta anterior?

Al llegar la noche se mantienen los recipientes en el mismo lugar y se vuelve a medir la temperatura. ¿En cuál de los dos habrá variado más? Razona tu respuesta.

51 Ayer Julia olvidó en su congelador una botella de vidrio llena de agua. Cuando ha ido a por ella al día siguiente, la botella estaba rota. Explica razonadamente cómo ha ocurrido. ¿Qué debería haber hecho Julia para que la botella no se rompiera?

52 Los movimientos que hacemos debajo del agua son más lentos que los que realizamos fuera de ella. Busca una explicación para este hecho.

Importancia del agua para los seres vivos

53 Cita algún ejemplo en el que se ponga de manifiesto la importancia de las siguientes propiedades del agua para los seres vivos:

a) Capilaridad.

b) Incompresibilidad.

c) Termorregulación.

d) Máxima densidad a los 4 °C.

54 ¿Qué relación existe entre el esqueleto hidrostático de algunos animales y las propiedades del agua?

55 ¿Qué ventajas supone para los seres vivos que el agua sea un buen disolvente?

El ciclo del agua

56 Realiza un dibujo-esquema del ciclo del agua. Indica los procesos que ocurren, los agentes que los llevan a cabo y el estado en el que se halla el agua en cada momento del ciclo.

57 Observa la siguiente tabla y contesta a las preguntas.

	Tiempo medio de permanencia
Océanos	3 000 años
Atmósfera	9 a 10 días
Glaciares	1 000 años
Ríos	12 a 20 días
Lagos	10 a 100 años
Agua subterránea	300 a 10 000 años

a) ¿Cuál es el tiempo máximo que tarda una molécula de agua en regresar a la atmósfera si tras precipitar se infiltra en el suelo? ¿Y el tiempo mínimo?

b) ¿Cuánto tarda, como mínimo, una molécula de agua en regresar a la atmósfera si tras precipitar se acumula en un lago?

58 Relaciona los siguientes procesos con las frases escritas a continuación: evaporación, transpiración, condensación, precipitación, infiltración.

a) Las plantas expulsan el vapor de agua por sus hojas.

b) El agua de las precipitaciones pasa al subsuelo.

c) El sol calienta el agua, que pasa a la atmósfera.

d) El vapor atmosférico se transforma en agua líquida.

e) Cuando las gotas de agua de las nubes aumentan de tamaño, vuelven a la superficie terrestre.

59 ¿Por qué una alteración del ciclo del agua puede alterar el clima de todo el planeta? Razona tu respuesta.

Usos y contaminación del agua

60 Indica cómo será la calidad de un agua que tiene:

a) Abundancia de truchas.

b) Muy poca concentración de oxígeno disuelto.

61 Consideremos que para producir un kilo de pasta de celulosa para elaborar papel se gastan 5 000 L de agua. Pesa tu libro de Biología y Geología y calcula qué cantidad de agua se habrá consumido para fabricarlo.

62 Explica cómo puede hacer el ser humano un uso sostenible del agua.

Limpieza del agua y salud

63 Copia las dos series en columnas en tu cuaderno y asocia los términos de ambas:

Serie 1: agua potable, agua residual, agricultura, hogar.

Serie 2: cisterna, EDAR, riego, ETAP.

64 ¿En qué se diferencia una EDAR de una ETAP? ¿Qué objetivo tiene cada una de ellas?

65 Explica por qué el agua que se utiliza en nuestros hogares no puede ser devuelta directamente al medio natural. Una vez usada, ¿qué procesos hay que realizar antes de devolverla al medio?

LEE Y COMPRENDE LA CIENCIA

Sobresaliente en potabilización

Coja una botella de plástico transparente vacía, quítele la etiqueta y llénela de agua de un riachuelo, un grifo público o un charco, que no esté turbia. Déjela a pleno sol sobre una chapa metálica. En seis horas, la radiación UVA acabará con virus, bacterias y parásitos, convirtiéndola en agua potable.

Como consejo para aumentar la efectividad del método, no mover las botellas cuando estén al sol y utilizar esa propia botella directamente, sin pasarla a otro recipiente. Este método proporciona agua potable a gran parte de la población en Tanzania y otros países de África.

Mark Jenkins
National Geographic, abril de 2010

a) ¿De qué habla el texto?

b) ¿En qué consiste la potabilización?

c) ¿Por qué crees que aumenta la eficacia del método que la botella sea de plástico transparente?

d) ¿Por qué se colocan las botellas sobre una chapa metálica?

e) ¿Tiene este hecho relación con el efecto dañino de los rayos UV sobre los seres vivos? Justifica tu respuesta.

TÉCNICAS DE ESTUDIO

Puedes grabar tu resumen y escucharlo tantas veces como quieras para repasar

- Elabora tu propio resumen a partir de los recuadros *Ideas claras* que aparecen en la unidad. También puedes añadir otros contenidos que consideres importantes.
- Copia el siguiente esquema en tu cuaderno y añade los elementos necesarios para construir un mapa conceptual de la unidad.

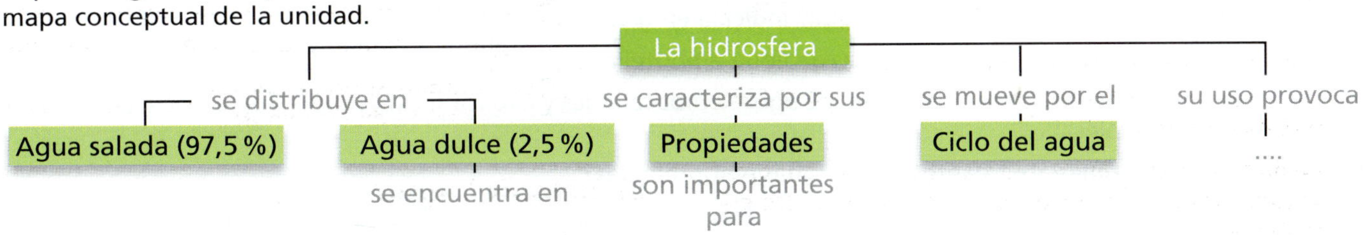

- Crea tu propio glosario científico. Para ello, define los términos siguientes: acuífero, capilaridad, clima, depuración, disolvente, erosión, hidrosfera, humedad, nivel freático, permafrost, potabilización, salinidad y sedimentación. Puedes completar tu glosario con otros términos que consideres adecuados.

TÉCNICAS DE TRABAJO Y EXPERIMENTACIÓN

La sal que nos bebemos

El agua que bebemos, tanto del grifo como embotellada, contiene cierta cantidad de sales disueltas. En esta práctica vas a calcular cuánta sal contiene un litro del agua que bebes normalmente. Además, observarás el proceso físico de la vaporización.

Materiales

- Vaso de precipitado de 1 L.
- Balanza de precisión.
- Agua.
- Trípode.
- Rejilla para calentar.
- Fuente de calor.

Procedimiento

1. Pesa en la balanza el vaso de precipitado y anota el dato.
2. Añade un litro de agua potable en el vaso de precipitado. Puede ser agua embotellada o del grifo.
3. Calienta el agua hasta que se evapore todo el líquido.

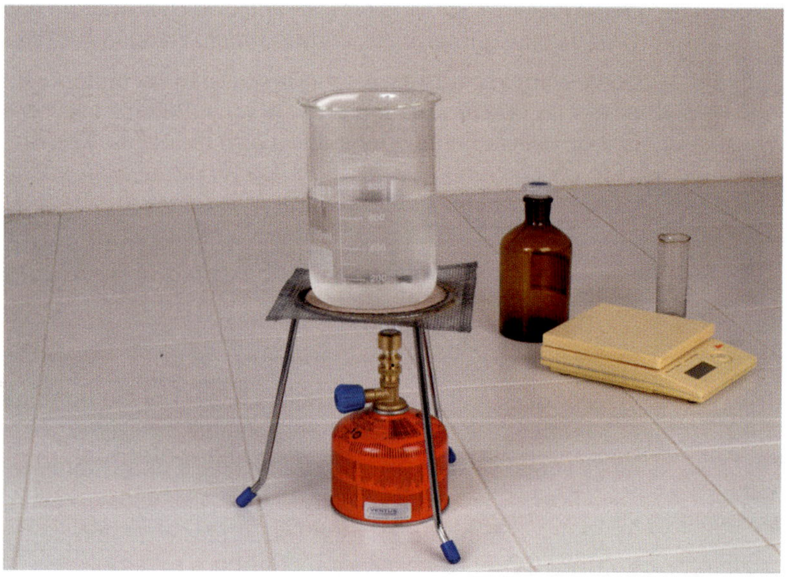

4. Pesa de nuevo el vaso de precipitado.
5. Calcula la cantidad de sal que había en el agua.

1. ¿Cuánto pesó el vaso al principio? ¿Cuánto pesa al final?
2. ¿Qué concentración de sal había en el agua? Indícala en g/L.
3. Repite la experiencia con distintas marcas de agua embotellada y comprueba si varía su salinidad.
4. Lee las etiquetas de las diferentes marcas de aguas embotelladas y explica si existe mucha diferencia entre sus concentraciones de sales.
5. ¿Qué sales son las más abundantes en las aguas embotelladas?
6. Disuelve distintas cantidades de sal de mesa en tres vasos de precipitados (5 g, 15 g, 25 g). Realiza la experiencia con estas disoluciones y comprueba el peso final de la sal en cada caso. ¿Ha variado la masa de la sal después de la vaporización?
7. A partir de la experiencia, explica con tus palabras en qué consiste la vaporización.

TAREA DE INVESTIGACIÓN

Consumo doméstico de agua

El objetivo de esta tarea es investigar sobre el consumo de agua en tu hogar y proponer algunas medidas de ahorro. También investigarás sobre la disponibilidad de agua en tu provincia. Para mostrar los resultados de tus investigaciones, deberás elaborar una memoria.

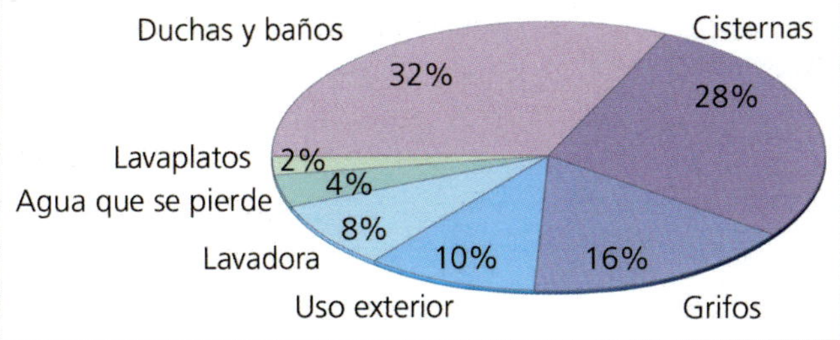

1. Investiga

a) ¿En qué actividades consumís más cantidad de agua en tu casa? ¿En cuáles consumís menos?

b) ¿Cuánta agua habéis consumido en una semana?

c) ¿Cómo podemos ahorrar agua en el hogar?

d) ¿Qué cantidad de agua se ha consumido en tu casa durante el último año, según la gráfica de la factura de la empresa distribuidora?

e) ¿Cuál es la pluviosidad media anual en tu provincia? ¿Existe déficit hídrico?

f) ¿Qué comunidades autónomas tienen más problemas de escasez de agua? ¿Por qué?

2. Elabora

Para presentar los resultados de tus investigaciones, elabora una memoria. Repasa las pautas de elaboración de memorias de la Unidad 1:

- Organiza la información. Haz un guion y ordena los apartados y subapartados que vas a desarrollar.
- Redacta una introducción y los objetivos del proyecto.
- Ilustra la información con imágenes, tablas y gráficas.
- Discute los resultados y extrae conclusiones.
- Realiza una portada con título atractivo.
- Redacta la bibliografía consultada.

Pautas de resolución

Para realizar la investigación debes seguir una serie de pasos:

Búsqueda de información

- Haz una lista con las actividades en las que consumís agua en casa. Busca en Internet el consumo medio de agua de cada una de estas actividades y anótalo.
- Durante una semana, anota los litros que empleáis en cada actividad, teniendo en cuenta a todos los miembros de la unidad familiar.
- Busca una factura de la empresa suministradora de agua y calcula lo que gastáis en una semana.
- Busca información sobre la pluviosidad media de tu Comunidad Autónoma.

Organización de la información

- Calcula el gasto de agua que supone cada actividad teniendo en cuenta el número de personas que vivís en casa y el número de veces al día que realizáis cada actividad.
- Haz una tabla con los datos obtenidos y elabora una gráfica que muestre el gasto de agua en las diversas actividades.
- Responde por escrito a las preguntas planteadas en el apartado *Investiga*.

Obtención de conclusiones y verificación

- Verifica tus respuestas. No te fíes de una sola fuente de información.
- Comprueba si has respondido a todas las cuestiones planteadas.

AUTOEVALUACIÓN

- Evalúa tu trabajo respondiendo también a estas cuestiones:
  1. ¿Has podido resolver todas las cuestiones del apartado *Investiga?*
  2. ¿Has repasado las operaciones para comprobar que tus cálculos son correctos?
  3. ¿Qué puntuación, del 1 al 5, darías a tu memoria?

Indice analítico

OXFORD
UNIVERSITY PRESS

Oxford University Press es un departamento de la Universidad de Oxford. Como parte integrante de esta institución, promueve el objetivo de excelencia en la investigación y la educación a través de sus publicaciones en todo el mundo. Oxford y Oxford Educación son marcas registradas de Oxford University Press.

Publicado en España por
Oxford University Press España S. A.
Parque Empresarial San Fernando, Edificio Atenas
28830 San Fernando de Henares (Madrid)

ISBN: 978-84-673-7791-0 (Volumen: La Tierra en el universo)
Depósito legal: M-16055-2015
Impreso en España

AUTORÍA

Ignacio Romero Arance
Mario Romero Rosales

DISEÑO

Interiores: Dolors Albareda

ILUSTRACIÓN

Drop Ilustración, Miguel Cerro, Myriam García, Javier Fernández Martín, Paco Guindel, Carlos Matera, David Menéndez, Ramón G. Teja, Fernando M. Turmo, Pablo Velarde, Carlos Velázquez

FOTOGRAFÍAS

ACI, AGE Fotostock, Alamy Images, Micha Baraski, Pedro Carrión, Getty Images, Investigación y Ciencia, Investigación y Ciencia, Barcelona, Ministerio de Agricultura, Alimentacion y Medio Ambiente, Gobierno de España, Jorge Montoro, NASA/JPL, NASA, ESA, HEIC, and The Hubble Heritage Team (STScI/AURA), Nature Publishing Group Iberoamérica, Panther Media, Iñaki Preysler, Science Photo Library, Regine Schöttl, Shutterstock (p.4: Alexander Raths, Sergey Nivens, Daz Brown Photography; p. 5: Angellodeco, S_L, firma V; p. 6: Bildagentur Zoonar GmbH; p. 9: Jan Kaliciak, Yaviki, Ron Kloberdanz, Yurko Gud, Nixx Photography, Ana Martínez de Mingo, DesignPrax; p. 18: Rainer Lesniewski; p. 22: Powell'sPoint, Kevin Key, Vector photo video; p. 23: Kenneth Sponsler, Danshutter, Natursports, CoolR, Joyfull; p. 37: Mny-Jhee, Bcampbell65, Menno Schaefer, TSpider; p. 27: Bill Frische, Giovanni Benintende; p. 32 y 33: George Toubalis; p. 40: HARELUYA; p. 41: Mironov; p. 43: Tyler Olson; p. 44: Grigorii Pisotsckii, Boykung; p. 45: Juancat, Dario Lo Presti; Nada B., Jiri Foltyn; p. 48: Richard Peterson, Whiteaster; p. 49: Unpict, Madlen, Fotoecho_com, Albert Russ, TinaImages, MarcelClemens, Vitaly Raduntsev, farbled, Siim Sepp; p. 50: Carlosvelayos; p. 51: Kae Deezign, Donjiy, Jezper, TinaImages; p. 52: Artography, p. 53: Siim Sepp; p. 55: Kekyalyaynen, Siim Sepp, Sonsam; p. 56: Siim Sepp, Kavring; p. 58: Vadim Ratnikov, Dainis, Mike Flippo, Fuyu liu; p. 59: Vallefrias; p. 62: Smuay, LesPalenik, kzww, Andrey Eremin; p. 64: Vadim Sadovski, Serg64; p. 65: FloridaStock, Image Point Fr.; p. 68: Andreiuc88; p. 71: Elenamiv, Stockfotoart, Anna Jurkovska, Amy Johansson; p. 72: Nuttakit, Serdar Duzgider, Olon, Ssuaphotos; p. 75: Pichugin Dmitry, Dr. Morley Read; p. 77: ARZTSAMUI, Malyugin; p. 81: Andrew Zarivny; p. 82: EpicStockMedia, Andrea Izzotti, TaMaNKunG; p. 83: Galyna Andrushko, Sakhorn, Yuri Samsonov, kazoka; p. 84: Rudy Balasko; p. 86: Axily, Mcseem; p. 87: Brykaylo Yuriy, Simon Laprida, Gareth Kirkland, Vuttichai Chaiya, Yurikus; p. 88: Ziga Camernik, CAN BALCIOGLU, Rashevskyi Viacheslav; p. 94: Aaron Amat, y Archivo Oxford